AF389057

HISTOIRE

D'UNE FERME

BIBLIOTHÈQUE

DES ÉCOLES ET DES FAMILLES

HISTOIRE

D'UNE FERME

PAR

ALFRED GIRON

DEUXIÈME ÉDITION

PARIS

LIBRAIRIE HACHETTE ET Cⁱᴱ

79, BOULEVARD SAINT-GERMAIN, 79

1885

HISTOIRE

D'UNE FERME

LA FERME MAL TENUE

« Je vous dis que Goignot a de la chance et que c'est tout. Il y a des gens à qui tout réussit. Je crois connaître la terre aussi bien que le « père Crésus », et pour sûr ce n'est pas lui qui m'en remontrera. Eh bien, voyez son champ *d'à-bas* et mon clos *d'à-haut*, qui se touchent d'un bout à l'autre. Nous y avons semé du blé le même jour. Le sien est dru, fourni et déjà haut de deux pieds, tandis que le mien est de moitié moins haut, et si clair qu'on en compterait les brins. Son colza, c'est la même chose. Et ce qui prouve bien sa chance, c'est que le sien n'est pas empoisonné d'ordure comme le mien. Dans son herbage il a trois fois autant de bêtes que j'en pourrais mettre dans le mien, qui est plus grand, et pendant que son bétail achève de manger l'herbe à un bout, elle est déjà bonne à tondre à l'autre. Quand mes huit vaches ont tondu mon pré, l'herbe, au lieu de repousser, jaunit. Et ses pommiers donc! ils ont été plantés le jour de la naissance de sa Marie, la même année que j'ai planté ceux du clos du Chien, n'est-ce pas, Goru?...

— Oui, notre maître, répondit Goru, le berger.

— Eh bien, il n'y en a pas un de mort et ça casse déjà sous les pommes, tandis qu'il y en a soixante-sept des miens ou qui manquent ou qui sont aux trois quarts morts : les autres sont mangés par la mousse et n'ont jamais donné plus de demi-année. Oui, je dirai toujours que Goignot a de la chance et qu'à moi on m'a peut-être bien jeté un sort. »

Ces plaintes et ces récriminations sortaient de la bouche de maître Mazé. Mazé était un homme d'une cinquantaine d'années, vigoureux encore, mais dont les traits étaient fatigués. Il n'avait pas l'air plus inintelligent que les autres paysans cultivateurs ses voisins. Mais il y avait dans sa physionomie quelque chose de nonchalant et de découragé; on devinait à ce signe l'homme enclin à fléchir devant les difficultés plutôt qu'à lutter pour les vaincre.

C'était l'heure du dîner à la ferme de Concheville, et Mazé, le fermier, parlait ainsi devant une douzaine d'auditeurs, femmes et hommes de tout âge, éparpillés dans une grande pièce du rez-de-chaussée. Chacun des assistants tenait sur ses genoux une grande écuelle de soupe aux choux et à la graisse, dont l'odeur se répandait dans toute la maison et jusque dans la cour. C'était chez Mazé une vieille habitude de se plaindre et de récriminer, surtout quand il avait fait la comparaison de ses tristes récoltes avec celles de son voisin Goignot, fermier de Marencour.

La grande pièce du rez-de-chaussée, la principale de la ferme, servait à la fois de cuisine, de salle à manger et de chambre à coucher. Elle était sombre et enfumée. Aux poutres du plafond, qui était un peu bas, étaient suspendues d'innombrables toiles d'araignées qui retenaient mouches, poussière, détritus de toute sorte et se balançaient au moindre vent. Jamais le balai ne passait par là.

Les meubles, en chêne ou en merisier, étaient sales et endommagés pour la plupart. La couleur du bois ou de la peinture disparaissait à la base sous une croûte de boue desséchée, et à la partie supérieure sous une couche de poussière et de crasse.

Sept ou huit chaises boiteuses et toutes plus ou moins dépaillées étaient occupées ou abandonnées çà et là. Une grande table longue et deux bancs branlants tenaient le milieu de la pièce ou plutôt l'encombraient.

Les ustensiles de cuisine et autres, bassins en cuivre, seaux et cruches à lait en zinc, poterie grossière, plats en bois, que les ménagères de campagne tiennent à honneur d'entretenir si étincelants et si propres, étaient ternes, à peine lavés quand par hasard ils l'étaient, et gisaient par terre dans les coins, au lieu d'être mis en parade sur des étagères ou accrochés au mur sur des tringles, par ordre de dimensions.

Tout annonçait dans cette grande pièce l'incurie, le désordre et la malpropreté. Il était plus de midi et les lits n'étaient pas faits. Rien n'indiquait qu'ils l'eussent été la veille. Les draps, presque aussi noirs que la cheminée, s'étalaient bien en vue et choquaient le regard.

Le sol de terre battue, couvert d'immondices, de déchets de légumes, de paille écrasée sous les pieds, de branches échappées à la bourrée qu'on portait dans l'âtre, était inégal et bossué, et dans les renfoncements il y avait de la fange

Une douzaine de volailles, dont trois ou quatre canards qui se dandinaient lourdement, picoraient çà et là avec la plus intime familiarité, quelques-unes poussant l'audace jusqu'à sauter sur la table pour happer une becquée de soupe aux choux dans la grande terrine de terre jaunâtre.

Une grande porte carrée et deux fenêtres grillées éclairaient cette pièce. Les vitres des fenêtres, sous l'action lente et continue de la fumée, étaient devenues d'un jaune foncé. Elles étaient piquetées de taches de mouches et, comme le plafond, ornées de toiles d'araignées dans les angles. En dehors les tablettes étaient encombrées de bouteilles et de pots cassés, de paquets d'oignons à graine et de vieilles chaussures. En dedans elles disparaissaient sous des liasses de paille à faire de la tresse ou de tiges de plantes non égrenées. On y voyait quelques flacons vides où il y avait eu des médicaments, pêle-mêle avec des pelotons de laine, de vieux bas, une serpe et un hachot à bois. Enfin deux

ou trois poignées de filasse étaient abandonnées à un gros chat
d'un gris verdâtre qui en avait fait sa couche favorite. De là,
tout en se chauffant aux rayons du soleil qui traversaient avec
peine les carreaux enfumés, il guignait du coin de l'œil,

FERME DE CONCHEVILLE.

en faisant le bon apôtre, tout ce qui se passait dans la pièce.

En sortant de cette pièce on arrivait de plain-pied, par-dessus
un seuil de granit, dans la cour de la ferme, dont le sol était jon-
ché d'une épaisse couche de paille en décomposition. Et comme
si ce n'était pas assez pour infecter l'air, on jetait de la porte
même sur cette paille les déchets et détritus de légumes qui

avaient servi à préparer la nourriture, et aussi la poussière, et les ordures quand on s'avisait de balayer la maison. Tout cela formait à trois pas de la porte un tas de deux pieds de haut, qui était un véritable foyer d'infection. Non seulement on était mal à l'aise quand on avait passé quelques instants dans cette atmosphère quasi pestilentielle, mais on se sentait malade.

Lorsqu'on marchait sur cette espèce de tapis épais de paille pourrie, la trace des pas se remplissait d'une eau noirâtre et fangeuse. Et cette litière infecte s'étendait de la maison d'habitation jusqu'aux extrémités de la cour, autour de laquelle les bâtiments d'exploitation formaient un grand carré irrégulier.

Comme pour faire contraste, un magnifique rosier de Bengale, couvert de roses et de boutons d'une délicatesse de nuances remarquable, couvrait en partie la façade de cette maison d'aspect sordide, étendant ses ramures verdoyantes et fleuries autour des fenêtres et de la porte et faisant ressortir la misère des murs décrépits, des fenêtres dépeintes et des vitres opaques et encrassées, des portes disjointes et branlantes sur leurs gonds, du toit de chaume envahi par la mousse et dont les rebords inégaux laissaient échapper la paille, qui formait ainsi une espèce de frange. L'une des extrémités de ce rosier vigoureux, après avoir arraché les fiches de bois qui le retenaient au mur, penchait vers le sol et menaçait d'entraîner le reste : personne n'y faisait attention.

Le regard se reposait avec plaisir sur ce rosier de Bengale, après avoir erré avec tristesse et dégoût sur le fumier de la cour, la maison d'habitation et les bâtiments de service, laissés à l'abandon comme tout le reste.

Maître Mazé était à Concheville depuis douze ans. Il avait encore six années de bail devant lui. Jusqu'à ce jour il avait payé à peu près régulièrement son fermage. Il ne devait que le terme de la Saint-Michel et celui de Pâques, échu depuis deux mois. Mais le premier était dans son armoire. Ce n'était en réalité que du second qu'il était arriéré. Or un arriéré d'un terme n'est pas chose bien grave, quand on a exploité pendant douze ans une ferme de l'importance de Concheville. Il suffit quelquefois d'une mauvaise récolte, ou de la mort d'une couple de vaches ou d'un cheval pour amener ce résultat.

Le fermier de Concheville n'avait point éprouvé de semblable malheur. S'il était en retard, il ne pouvait s'en prendre qu'à sa nonchalance et à sa mauvaise administration. Par ignorance et par esprit de routine il repoussait systématiquement toutes les innovations que son voisin Goignot, ou le père Crésus, comme il l'appelait moitié par raillerie, moitié par jalousie, adoptait après un examen attentif, sans entraînement, avec prudence et après s'être bien rendu compte des avantages qu'elles offraient.

Mazé avait dû emprunter sur hypothèque pour payer une année de fermage, et il était facile de prévoir qu'avant peu il serait forcé d'emprunter encore; car si le terme de la Saint-Michel était prêt, il n'avait pas le premier sou de celui de Pâques; de plus ses granges et greniers étaient à peu près vides. Il estimait son champ de la Chesnaie, situé dans une commune voisine, une quinzaine de mille francs; il l'avait déjà hypothéqué pour cinq mille.

Cet emprunt lui avait causé une douleur amère. Un autre que lui eût peut-être cherché pourquoi et comment il en était venu là et les moyens de s'en tirer. Il n'eut même pas cette idée. Débarrassé d'un terme en retard et de quelques dettes criardes, il retomba nonchalamment dans une tranquillité mensongère et pleine de périls, sans rien changer à l'économie de sa culture.

Il ne fallait pas une grande perspicacité pour prophétiser qu'à fin de bail le clos de la Chesnaie serait dévoré par les hypothèques et qu'il ne resterait à Mazé qu'un matériel incomplet et usé, à peine suffisant pour l'exploitation d'une ferme moindre de moitié.

Jusqu'au moment de son entrée à Concheville, Mazé n'avait

RATEAU A CHEVAL.

guère connu que la ferme de son père, un bonhomme routinier
comme lui, et il ne s'en était certainement pas éloigné de plus
de dix lieues. Toutes les innovations, toutes les découvertes
relatives à l'agriculture l'avaient trouvé incrédule et gouailleur
dans sa jeunesse, hargneux et mécontent dans sa maturité :
hargneux contre ceux qui étaient plus actifs et moins routiniers
que lui ; mécontent de lui-même, parce qu'il ne se sentait ni
assez de bonne volonté ni assez de courage pour s'astreindre
à un travail d'esprit quelconque, même d'imitation.

Et il était encouragé dans son inertie par l'exemple de son

CHARRUE A VERSOIR ALLONGÉ.

père, qui, à force de travail et d'économie, et sans se préoccuper des progrès encore bien lents alors en agriculture, était
parvenu à acheter la Chesnaie.

Mais depuis le temps du bonhomme Mazé l'agriculture avait
beaucoup prospéré. De nouveaux instruments aratoires avaient
été inventés, les anciens avaient été perfectionnés ; on connaissait de nouvelles cultures, par exemple celle des plantes
fourragères et des plantes à racines ; d'autres fumiers, qui
comportaient les engrais minéraux dont l'emploi judicieux est
si avantageux pour redonner à la terre épuisée les sels qui

lui manquent ; l'assolement ou la rotation des cultures se faisait d'une manière plus savante et plus rationnelle ; en un mot l'économie rurale avait été inventée, et, tous les jours, par le raisonnement, la comparaison et l'expérience, elle faisait de nouveaux progrès.

Heureux les cultivateurs qui avaient compris les premiers ce mouvement de réforme et d'amélioration, si lent à pénétrer dans les campagnes, et s'étaient mis résolument à l'œuvre !

Goignot, « le père Crésus, » avait été l'un des premiers parmi ces hommes intelligents. Encore garçon de ferme, il avait acheté

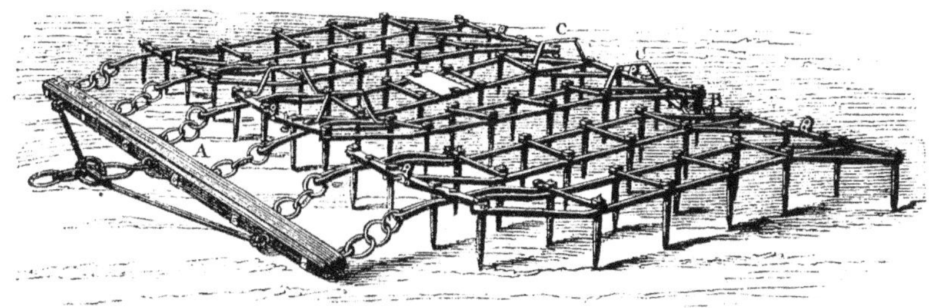

HERSE ARTICULÉE.

quelques livres élémentaires sur l'agriculture et les avait lus et étudiés dans les veillées d'hiver. Il aurait bien voulu expérimenter les conseils qu'il y trouvait, mais il n'était pas le maître.

Mazé savait à peine lire et signer. Par suite la lecture lui était si pénible, qu'il avait en horreur livres et imprimés. On l'avait cependant envoyé à l'école du frère congréganiste de la commune ; mais sans trop savoir pourquoi, et uniquement parce que les autres enfants du voisinage y allaient. Son père, d'ailleurs, ne s'occupait pas de ce qu'il y faisait. Quant à sa mère, complètement illettrée, elle regardait l'instruction comme une chose superflue et disait qu'il n'est pas besoin de savoir écrire une lettre pour tracer un sillon, pour faucher la moisson, pour brasser le cidre ou pour vendre et acheter des bestiaux au marché. C'était ce qu'on appelle une femme bornée, et le bon sens en elle ne rachetait pas le défaut d'intelligence.

A la mort de son père, Mazé avait continué de compte à demi avec sa mère l'exploitation de la ferme. Non seulement il n'avait apporté aucun changement, aucune amélioration à ce qu'il avait vu pratiquer dans sa jeunesse, mais il avait la sottise de se moquer des innovations des cultivateurs plus avisés. Si son père avait pu gagner de quoi acheter le clos de la Chesnaie, c'est que sa méthode était bonne; en vertu de ce raisonnement, il s'obstinait à suivre la même routine que son père. Il espérait bien, en s'y montrant fidèle, parvenir aussi à acheter son morceau de terre. Mais les temps étaient changés, et l'économie poussée jusqu'à l'avarice ne suffisait plus désormais pour qu'on pût arriver à acheter un champ.

Après la mort de sa mère il avait loué la ferme de Concheville, bien plus considérable que celle qu'il quittait. Il pensait arriver plus vite avec une exploitation de cette importance à doubler son champ de la Chesnaie. C'est le contraire qui avait eu lieu.

A Concheville il se trouva le voisin de maître Goignot, déjà installé sur la ferme de Marencour depuis des années. — Si son esprit avait été moins prévenu et son caractère moins obstiné, Mazé aurait pu réfléchir en voyant ce qui s'étalait sous ses yeux. Devenu son maître et fermier à son tour, Goignot avait mis en pratique, prudemment, judicieusement, quelques-unes des théories qu'il avait lues dans les livres et s'en était bien trouvé. Mazé n'avait qu'à se lier avec lui et à s'instruire à son école. Il aima mieux regarder d'un œil envieux et jaloux les belles récoltes et les différentes cultures de Marencour, en se disant qu'il en ferait toujours bien venir autant sur Concheville et sans s'inquiéter des moyens qu'employait son voisin. Par pure jalousie il se mit à le bouder, à lui faire de misérables chicanes, et finalement se brouilla avec lui.

Les années qui suivirent ne le corrigèrent pas; au contraire, elles ne firent qu'augmenter son exaspération contre le père

Crésus; c'était un surnom qu'il avait donné à Goignot, pour avoir entendu dans une foire un chanteur ambulant brailler une chanson d'avare intitulée *le père Crésus*. Goignot, qui ne demandait qu'à vivre en bonne intelligence avec tout le monde, voyant que rien ne pouvait le rendre plus traitable, le laissa de côté et ne s'en occupa plus. Mazé s'en aigrit davantage et chercha toutes les occasions de lui jouer de mauvais tours.

La longue tirade qu'il venait de faire fut suivie d'un silence approbateur, troublé seulement par le bruit des cuillers de zinc sur les écuelles de terre.

« Vous avez bien raison, maître Mazé, dit une femme qui était à peu près du même âge que lui. Oui, oui, Goignot a plus de chance que nous. Car enfin la fièvre que nous avons tous les ans au renouveau ne paraît pas à Marencour. Pourquoi n'irait-elle pas là comme chez nous? il n'y a pas si loin. Voilà trois ans que je tremble la fièvre depuis le mois d'avril jusqu'à la Toussaint. Elle m'emportera bien sûr! à moins qu'une bonne âme ne m'en débarrasse. »

C'était Onésime, la femme de Mazé, qui parlait ainsi. Elle seule ne mangeait pas. Enveloppée dans une grande cape de grosse étoffe de laine brune fabriquée dans le pays, elle attendait son accès, qui déjà s'annonçait, assise toute grelottante au soleil auprès de la porte. Elle avait bien l'aspect d'une fiévreuse, la pauvre Onésime. Son teint jaune et terreux, ses yeux à la fois brillants et abattus, la maigreur de ses longues mains, jaunes comme son teint, tout en elle indiquait bien la nature de son mal.

« Pourquoi aussi, maîtresse, ne faites-vous pas venir Galoupet; il vous guérirait bien, lui, dit Goru, le berger du chétif troupeau de Concheville. » Goru était un petit vieillard ordinairement silencieux, dont la physionomie était plutôt finaude qu'intelligente.

Galoupet était un de ces hommes auxquels l'ignorance et la bêtise de quelques-uns attribuent le don de guérir par des paroles et des attouchements et, ce qui est bien plus dangereux,

L'AUDACE DES GORETS S'ACCRUT AVEC L'IMPUNITÉ.

par des remèdes empiriques qui sont souvent de véritables poisons, la fièvre, la migraine, les brûlures, l'épilepsie et même le mal de dents. Onésime aurait volontiers fait venir le « rebouteur », mais son mari n'en voulait plus entendre parler depuis qu'il avait laissé périr une de ses vaches, alors que le père Crésus, qui avait fait appeler le vétérinaire, avait sauvé l'une des siennes atteinte du même mal.

« Je ne demanderais pas mieux, mais on ne veut pas, répondit Onésime en serrant sa cape autour d'elle.

— Qu'on m'en indique un autre que Galoupet, dit Mazé, et j'irai le chercher. Quant au Beuvron (c'est ainsi qu'on appelait le rebouteux, à cause de son habillement complet de beuvrine, qui est une grosse toile de chanvre écru), jamais de mon vivant il ne rentrera ici.

— Ah ! mon Dieu, murmura sa femme d'une voix lamentable, il n'y a plus qu'à commander ma châsse ; allez-y.

Elle se leva et se traîna péniblement jusqu'à son lit, où elle se fourra sans que personne songeât à lui venir en aide ou à lui demander si elle n'avait pas besoin de quelque chose.

Bien que chacun eût achevé sa soupe et n'eût rien de plus à attendre, personne ne se levait pour se rendre au travail. Le fermier bourra sa pipe, un garçon de ferme en fit autant, pendant que le berger, tenant sa pipe vide à la main, les regardait faire avec envie, n'ayant pas de tabac. A la fin, voyant qu'on ne lui en offrait pas, il se leva et s'approcha de la porte.

« Je crois bien que nous allons avoir encore du bouillon, » dit-il en regardant vers le sud-ouest, et il revint s'asseoir.

La Javotte, une grosse fille qui aurait pu sans inconvénient, être plus propre et mieux peignée, plaça sur le trois-pieds resté vacant depuis que la soupe avait été retirée, un énorme chaudron qu'elle remplit de toute espèce de choses. Puis elle fit un feu d'enfer, ayant laissé brûler sans utilité celui qui avait servi à faire cuire la soupe.

En ce moment une truie et une douzaine de petits cochons

assiégeaient la porte en grognant, et trois ou quatre des plus
hardis s'avancèrent jusqu'au milieu de la pièce, ramassant et mangeant tout ce qu'ils trouvaient sur leur chemin. On laissait faire
les cochons comme on avait laissé faire les volailles. Les gro-
gnements des cochons se mêlaient au bruit des voix et les cou-
vraient parfois. L'audace des gorets s'accrut avec l'impunité, et
il vint un moment où l'on ne s'entendit plus parler.

Onésime sur son lit de douleur finit par s'impatienter :

« On ne chassera donc pas ces bêtes-là, dit-elle d'une voix
tremblotante.

— Goru, prenez un bâton, » dit Mazé.

Le berger se leva nonchalamment et comme à regret, saisit
une branche de fagot et tomba à coups redoublés sur les gorets,
qui s'enfuirent en poussant des cris aigus et en se bousculant.

Alors ce fut une autre visite, celle d'une jument qui vint
présenter à la porte sa longue et étroite face blanche, comme si
elle avait quelque réclamation à faire.

« Est-ce que vous n'avez pas mis la Grise à l'écurie? demanda
Mazé à une jeune fille joufflue, un peu plus propre que la Javotte et qui, sans se gêner, desserrait ses jupons.

— Tiens! je l'avais oubliée! répondit-elle sans s'émouvoir.

— A quoi pensez-vous donc, Ernestine? cria Onésime de son lit.

— Goru, allez lui donner sa pitance, » dit Mazé en secouant
sa pipe.

Le vieux berger sortit en grommelant entre ses dents :

« Elle est comme ça, la coquette. Il faut toujours faire la moitié de son ouvrage. »

Les jours de marché on allait de Concheville à la sous-préfecture, à deux lieues environ, porter du lait, du beurre et autres
produits de la ferme. C'était Ernestine qui était chargée de ces
courses. Elle disposait de grand matin ce qu'elle avait à porter
dans sa voiture, comme il lui convenait. Une jument hors d'âge
lui était attribuée. Elle la soignait à sa guise avant le départ et
au retour. Ce jour-là Ernestine avait oublié la Grise une fois

ELLE DÉPOSAIT CE QU'ELLE AVAIT A PORTER DANS SA VOITURE.

bételée, et la Grise, après avoir erré par la cour arrachant une douchée d'herbe par-ci par-là, était venue protester à la porte contre l'oubli dans lequel on la laissait.

Mais le désordre et l'incurie ne régnaient pas seulement dans la maison d'habitation et les bâtiments d'exploitation. Les terres, d'assez bonne qualité cependant, étaient traitées avec la même insouciance et la même ignorance des principes les plus élémentaires d'économie rurale. Quoique le bail fût bien fait et qu'on y eût tout prévu, les haies étaient mal taillées et envahissaient peu à peu la terre labourable. On voyait les ronces pousser leurs sarments au loin et former de nouveaux buissons. Des rejetons de racines sortaient du sol sans qu'on prît la peine de les arracher. Les fossés n'étaient ni creusés ni nettoyés. L'eau, n'ayant pas d'écoulement, y croupissait au milieu de grandes herbes parasites qui finissaient par les remplir. Les talus n'étaient pas relevés. On y voyait des brèches nombreuses par où bêtes et gens passaient à leur aise. Pour le foyer on coupait et l'on taillait à droite et gauche, à la diable, sans discernement et, comme on dit, « au plus tôt fait ».

Les champs en culture étaient entremêlés de jachères que, par ignorance des composts et des engrais, Mazé laissait improductives. Des prairies naturelles, qui auraient pu donner d'excellent foin ou faire de gras pâturages, étaient saturées d'eau, faute de rigoles bien ouvertes pour l'écoulement, et on y voyait plus de joncs et de glaïeuls que de bonne herbe.

Mazé aurait pu vendre 10 000 kilogrammes de foin, année moyenne ; souvent il en manquait.

Et pour compléter la peinture de cette terre négligée et mal cultivée, on voyait çà et là sur les fossés des arbres morts, quelques-uns penchés par le vent, que le fermier n'enlevait pas ou qu'il ne faisait pas vendre, comme il y était tenu, et qui prenaient la place d'arbres vigoureux.

Mais au milieu de tout cela, demandera-t-on, que devenait

donc le propriétaire? Comment laissait-il ainsi sa ferme à l'abandon, sans y veiller?

Le propriétaire, fort riche d'ailleurs, habitait Paris toute l'année. Il n'était venu qu'une fois à Concheville depuis que Mazé avait loué la ferme. Encore était-ce au commencement et dans le mois de juin, alors qu'il faut une certaine connaissance pour juger à vue de la bonne culture d'une terre, quand tout pousse et végète avec vigueur. Un notaire qui demeurait assez loin était chargé de surveiller la terre et d'en toucher les fermages. Comme jusqu'à ce jour ils avaient été régulièrement payés, il ne se dérangeait jamais pour visiter la ferme.

Mazé avait eu plusieurs enfants. Il ne lui restait qu'un fils de vingt-quatre ou vingt-cinq ans, maréchal des logis dans un régiment de spahis.

Maurice, le fils unique du fermier de Concheville, s'était engagé avant vingt ans à la suite de discussions fréquentes avec son père, précisément à cause du désordre et de l'abandon qu'il remarquait à la ferme et auxquels il aurait voulu mettre un terme. Et puis, il ne pouvait supporter de voir les tracasseries continuelles que son père faisait à leur voisin Goignot.

Maurice avait suivi l'école jusqu'à treize ans; mais son père ne s'était pas plus occupé de ce qu'il y apprenait, qu'on ne s'était soucié dans le temps de ce qu'il y faisait lui-même. Il savait lire et écrire, rien de plus. Dès l'âge de quatorze ans il était chargé des courses à la ville, comme Ernestine l'était aujourd'hui. Il montrait une grande activité; mais s'il se rendait directement où il avait affaire, il ne revenait pas toujours par le chemin le plus court. Comme il avait l'esprit curieux et investigateur, quand il entendait parler d'une ferme bien tenue, d'une nouvelle culture introduite dans le pays, il n'était pas tranquille avant de les avoir visitées. Ces jours-là il cachait une botte de foin et un petit sac d'avoine dans la voiture, car la Grise, encore jeune à cette époque, recevait double ration, ayant double course à faire.

LES REJETONS DE RACINES SORTAIENT DU SOL.

Ce n'était donc point par dissipation et par goût de flânerie que Maurice se permettait ces excursions. Elles avaient un but plus sérieux : il voulait s'instruire. Intelligent, observateur et doué d'un bon jugement, il avait bien vite remarqué l'état d'infériorité de Concheville comparée à la plupart des fermes du pays, surtout à celle de Marencour. Il avait voulu tout voir en détail, causer avec les cultivateurs et les questionner. Il n'aurait pu mieux faire que de s'adresser à Goignot. Malheureusement Mazé était au plus mal avec son voisin, et Maurice, qui était timide, n'osait s'exposer à une rebuffade, d'abord parce que personne n'aime les rebuffades, ensuite parce qu'il avait des raisons plus particulières.

A plusieurs reprises Maurice avait voulu faire revenir son père de ses préventions injustes contre le fermier de Marencour. Il en avait été pour ses frais, et son père l'ayant un jour exaspéré par l'absurdité des raisons qu'il donnait de la supériorité des récoltes de Goignot sur les siennes, il avait eu le tort grave de lui répondre trop vivement que toute la chance du père Crésus venait de ce qu'il connaissait mieux que lui la manière de cultiver la terre.

Mazé avait été d'autant plus sensible à cette réflexion qu'elle le frappait dans ce qu'il avait de plus sensible son amour-propre de cultivateur, et cela au profit de l'homme qu'il détestait le plus. Il fut sur le point de souffleter son fils. Il se retint et fit bien, car rien n'est mauvais comme d'en venir aux voies de fait, qui aigrissent bien plutôt qu'elles ne punissent et ne corrigent. Il se retint donc, en voyant que son fils, un grand jeune homme déjà, de plus excellent travailleur et très bon sujet, le regardait avec douceur et aurait voulu ravoir ses paroles.

A partir de ce jour Maurice s'abstint de parler de maître Goignot, et même il poussa les ménagements envers son père jusqu'à éviter de causer avec le voisin, comme il lui arrivait quelquefois quand ils se rencontraient sur la limite des deux fermes. Il alla prendre ses renseignements ailleurs, mais continua ses observations en termes respectueux sur les réformes qu'il aurait désiré voir apporter par son père dans l'exploitation de Concheville. Malheureusement il se heurtait contre une borne. Son père n'écoutait rien, ne voulait rien changer, et répondait que de père en fils, depuis des siècles, on avait toujours cultivé comme cela et qu'il continuerait de même.

A la fin le jeune homme prit en dégoût un travail qui le fatiguait sans l'intéresser, tant il était mal entendu. Il laissa tout aller à la débandade jusqu'au jour où, n'en pouvant plus de mécontentement et de regrets, se voyant l'objet de l'animadversion des domestiques, qu'il voulait faire travailler et qui ne reconnaissaient pas son autorité, il eut l'idée de s'engager; c'était pour lui le seul moyen de quitter Concheville d'une manière honorable.

Son père, bien que surpris de cette détermination, n'en ressentit pas beaucoup de peine et n'y fit pas d'opposition. Maurice était devenu un critique et un censeur gênant. Le sang-froid même avec lequel il l'écoutait donner ses ordres exaspérait tellement le vieux fermier, qu'il finissait par dire et faire tout le contraire de ce qu'il avait dans l'idée, pour n'avoir point l'air de se rendre à ses observations.

Maurice, dès qu'il eut son consentement, ne tarda pas à quitter la ferme. Il se rendit avec les papiers nécessaires au chef-lieu de sous-préfecture où se trouvait en garnison l'état-major d'un régiment de cavalerie en garnison à Alger et y contracta un engagement de cinq ans.

Ce n'étaient pourtant pas là les seuls motifs de la détermination de Maurice. Maître Goignot avait une fille de seize ans. Marie était une charmante enfant, qui avait reçu une certaine instruction. Non seulement sa mère en avait fait une excellente ménagère, mais l'institutrice de la commune, plus instruite que ne le sont d'ordinaire les institutrices de campagne, l'avait prise en affection et lui avait donné des leçons en dehors des heures de classe. Marie en avait bien profité.

Elle savait assez d'arithmétique pour tenir les comptes d'une
exploitation de l'importance de Marencour. Elle pouvait écrire
une lettre bien tournée et sans fautes. Elle avait quelques
notions de géographie et d'histoire. Quant aux ouvrages de
femme, elle s'y entendait suffisamment pour une jeune fille
qui peut devenir mère de famille.

Maurice depuis l'enfance s'était attaché à Marie Goignot,
qui le méritait bien. En grandissant, il avait tout naturellement songé à en faire sa femme, le jour où il serait en âge de

se marier. Mais que d'obstacles à leur union! Outre l'inimitié
de Mazé et de maître Goignot, l'un était riche et achetait du
bien, tandis que l'autre était en train de dévorer le seul champ
qu'il eût. Marencour était l'admiration des cultivateurs du canton, qui venaient le dimanche voir Goignot, visiter ses cultures, s'entretenir avec lui, et personne ne venait à Concheville ; qu'y serait-on venu chercher?

Maurice luttait en vain contre l'inertie et l'entêtement de

son père ; sa bonne volonté et son activité intelligente n'aboutissaient à rien.

Donc Marie Goignot n'était point faite pour lui : voilà ce qu'il se disait avec douleur. Jamais le père Goignot ne donnerait sa fille au fils d'un homme tracassier et qui venait encore de lui faire un procès au sujet d'un chemin de service mitoyen.

Comme pour mettre le comble au dépit du pauvre Maurice, maître Goignot venait de se lier avec un des plus gros fermiers de l'arrondissement, qui était justement en âge de songer à prendre femme.

Pierre Jarnet, qui avait alors trente ans, faisait valoir avec sa mère, veuve depuis quelques années, l'importante terre de Glagny, à deux lieues de Marencour. Madame Jarnet poussait son fils à se marier, mais elle voulait une belle-fille riche et toute jeune, sur laquelle elle pût prendre de l'influence et qu'elle pût former à sa guise. Marie lui paraissait avoir les qualités qu'elle désirait trouver dans sa bru. Avec une aussi jeune femme et les habitudes d'obéissance passive de son fils, elle resterait toujours la maîtresse à Glagny, sans avoir les mêmes fatigues et les mêmes cassements de tête que par le passé.

Maurice n'avait pas tardé à deviner dans Pierre Jarnet un prétendant redoutable. Il en éprouva un chagrin d'autant plus profond, que la raison lui démontrait qu'il engagerait une lutte inutile s'il voulait, lui le fils du besogneux fermier de Concheville, ennemi et jaloux du père Goignot, se poser en rival du riche et fier fermier de Glagny. C'eût été marcher à un échec certain, douloureux et humiliant à la fois.

A l'époque où commence cette histoire, le temps de service de Maurice tirait à sa fin. Son père, qui avait sans doute regretté de n'avoir pas suivi ses conseils, du moins en partie, attendait son retour avec impatience. Il voulait lui laisser une large part dans l'exploitation de la ferme. Il reconnaissait à la fin qu'il ne savait pas tout, et que ce n'était pas en se cantonnant chez lui, comme il avait fait jusqu'à ce jour, qu'il

LES VACHES AU PATURAGE.

pouvait acquérir les connaissances qui lui manquaient ; d'un autre côté, il se sentait trop vieux pour commencer à s'instruire.

Tout cela ne se formulait pas pourtant dans son esprit aussi clairement que nous l'exposons. C'était plutôt à l'état de doute qu'à l'état de conviction arrêtée. Mais pour un esprit lent, obstiné et routinier comme le sien, c'était déjà beaucoup que de douter de sa propre sagesse. Cela n'empêchait pas toutefois Mazé de détester toujours le père Crésus et d'attribuer à la chance la prospérité de Marencour.

Cependant le repas était terminé à Concheville depuis vingt minutes et personne ne bougeait. Chacun paraissait attendre des ordres que Mazé oubliait de donner. Le temps se passait ainsi dans une inaction fâcheuse. Ce fut Onésime qui, du lit où elle tremblait la fièvre, arracha son mari à sa torpeur.

« Maître Mazé, dit-elle, vous oubliez l'heure et que le clos du milieu n'est point encore sarclé. »

Après ces paroles, Onésime se tourna du côté de la ruelle du lit, comme pour ne plus rien voir.

« Je n'oublie point, notre femme, répondit Mazé, mais il faut du temps à tout. »

Il se leva néanmoins et tout le monde l'imita. Il donna l'ordre à trois femmes d'aller achever de sarcler le clos du milieu, à Ernestine de *remuer* les vaches au pâturage et de revenir ensuite brayer du lin dans la grange ; enfin à Goru, en attendant l'heure de faire sortir les moutons du parc, de relever un coin du tas de fumier qui s'était éboulé depuis plus d'une semaine.

« Quant à toi, Cauret, dit-il à un jeune homme d'une vingtaine d'années qui bâillait sur sa chaise à se décrocher la mâchoire, tu vas atteler le péchard à la petite charrette et tu me l'amèneras au pré de la fontaine ; n'oublie pas ta faux. »

Chacun s'en fut exécuter l'ordre qu'il avait reçu, mais avec lenteur et nonchalance, excepté Cauret, qui ne demandait qu'à agir.

« A boire, Javotte, cria Onésime de son lit de douleur.

— De l'eau, du cidre ou du lait? demanda la servante.

— Du cidre, mon Dieu! tu veux donc me tuer? Donne-moi de l'eau, plein la grande jatte. »

Javotte obéit et la malheureuse Onésime but à longs traits une demi-pinte d'eau crue.

II

LA FERME DE MARENCOUR

A l'heure où Mazé donnait ses ordres dans la grande salle de Concheville, où la Javotte n'avait pas encore achevé de préparer le repas des animaux de basse-cour, où Onésime, qui ne tremblait plus, était comme dans une fournaise et buvait de pleines jattes d'eau crue qui n'étanchaient pas sa soif et lui faisaient plus de mal que de bien, à Marencour tout le monde était au travail depuis trois quarts d'heure, gaiement et activement. L'exemple venant des maîtres, chacun mettait son amour-propre à en faire autant qu'eux.

Marie, à la tête de six femmes, abritée du soleil par un chapeau de paille à très larges bords, sarclait une grande pièce de lin qui déroulait son tapis de verdure à une grande distance. Vive et alerte, l'œil à tout, elle nettoyait la bande de lin qu'elle s'était attribuée avec une prestesse singulière, ce qui ne l'empêchait pas de jeter un coup d'œil sur les bandes parallèles des ouvriers et de leur faire les observations qu'elle jugeait nécessaires. Le silence n'était pas de rigueur, mais la conversation n'avait rien de désordonné ni de bruyant, comme il arrive souvent en l'absence du maître, et l'ouvrage n'en était fait que mieux et plus vite.

Un peu plus loin, un homme labourait une pièce de seigle que Goignot avait fait manger en vert à ses vaches et où il voulait semer de la *picachie*, fourrage formé de féverole, de rabette, de trèfle et de luzerne, etc., et destiné à la nourriture des animaux pendant l'automne.

Deux autres garçons de ferme fauchaient une prairie artificielle d'une richesse et d'une précocité extraordinaires. Enfin

une forte fille, Renotte, surnommée la Rousse à cause de son
abondante chevelure rouge, bien peignée et proprement vêtue,
les manches retroussées jusqu'aux coudes, achevait de mettre
de l'ordre dans la pièce où on avait dîné, et sur le sol de laquelle on ne voyait traîner ni brins de paille ni détritus de
légumes.

OUVRIERS FAISANT SÉCHER LE LIN.

Les cuivres de Renotte, étincelants de propreté, brillaient
comme des lunes sur leurs étagères. Les cruches à lait en fer-
blanc, fourbies et lavées, bien symétriquement rangées par
grandeur, ressemblaient à de l'argent.

Les chaises, les tables, les bancs et autres meubles, tous bien
frottés et époussetés, étaient en place. Pas un ustensile n'était
à la traîne. Le feu était éteint, sauf quelques charbons recou-
verts d'un gros tas de cendres soigneusement ramené en forme

de pyramide, pour les conserver incandescents en cas que l'on
eût besoin de faire du feu.

Dans cette pièce on ne voyait point de lit comme à Conche-
cheville.

Pendant que tout le monde à Marencour s'occupait activement et courageusement, maître Goignot, la tête couverte, lui
aussi, d'un grand chapeau de paille, une blouse de cotonnade
bleue sur le dos et une petite bêche sur l'épaule, allait et venait
d'un champ à l'autre, regardant beaucoup, ne disant pas grand
chose et seulement lorsque cela était nécessaire. Il n'ennuyait
pas ses gens, ne leur parlait jamais avec humeur ; mais quand
il donnait un ordre ou faisait une observation, il fallait l'é-
couter.

En ce moment sa surveillance était surtout mise en éveil
par la présence de deux couvreurs en paille occupés à réparer
la couverture d'un grand hangar où l'on abritait charrettes,
charrues, instruments aratoires et autres gros ustensiles de la
ferme.

Ce toit, réparé deux ans auparavant à ses frais, avait été en
partie effondré par le vent dans une tempête d'équinoxe, et
maître Goignot attribuait cet accident à ce que ces mêmes ouvriers n'avaient pas assez pressé leur chaume. Aussi suivait-il
tous leurs mouvements avec une attention vigilante et soupçon-
neuse. C'est que le père Goignot n'aimait pas à payer deux fois
pour la même besogne, ce qui est bien naturel, et s'il ne
marchandait pas sur le prix, il voulait que l'ouvrage fût bien
fait.

Le fermier de Marencour était plus âgé de six ou huit ans
que celui de Concheville, ce qui était cause que Mazé ne l'appelait que le père Goignot par-ci, le vieux Crésus par-là, avec
une sotte malice. Cependant il ne paraissait pas plus vieux que
l'autre ; au contraire, il avait de plus que lui un air de santé
et paraissait plus alerte et surtout plus gai. L'activité jointe à
une grande tranquillité d'esprit entretenait chez Goignot une

verdeur et un air de contentement que n'avait pas son voisin.

Ses débuts avaient pourtant été durs et pénibles. Il avait commencé par être garçon dans une grande ferme que faisait valoir un homme actif et intelligent. Sa bonne conduite, son ardeur au travail et son obéissance l'avaient dès le commencement fait remarquer de son maître. Il ne tarda pas à gagner sa confiance et son estime par son esprit observateur et judicieux; insensiblement le fermier le prit en amitié. Goignot resta depuis quinze ans jusqu'à trente-cinq avec ce brave homme, qui lui dit un jour :

« Goignot, je me fais vieux et mon fils va prendre ma place. Tu me remplaces souvent pendant mes absences et tu es habitué à commander en maître. Mon fils ne le supporterait pas, et toi, cela te blesserait de redevenir simple garçon de ferme comme tu étais autrefois. Il faut te mettre à ton compte. Je sais que Marencour va être à louer, il faut y aller. As-tu de l'argent?

— Je n'ai que quatre mille cinq cents francs, peut-être cinq mille en comptant tout, répondit Goignot.

— Ce n'est pas assez pour prendre Marencour, dit le fermier; il te faut bien quinze mille francs, je te prêterai à 5 pour 100 ce qui te manque. »

Goignot remercia son maître avec effusion, mais il hésitait à accepter son offre. Jusqu'à ce jour il avait vécu sans inquiétudes et sans responsabilité, et il n'aurait pas demandé mieux que de continuer. Cependant il comprenait d'autant mieux les raisons du fermier, qu'il s'était aperçu depuis quelque temps qu'en effet il portait ombrage à son fils : une fois à la tête de la ferme, ce dernier ne tarderait pas à lui en rendre le séjour insupportable.

D'un autre côté, louer Marencour avec un emprunt de 10 000 francs sur le dos l'effrayait singulièrement. N'allait-il pas manger en une seule année les cinq mille francs qu'il avait eu tant de peine à amasser en vingt ans?

Goignot fit à son maître toutes les objections que lui dictait son bon sens et la crainte de ne pas réussir. Le maître l'écouta sans l'interrompre tant qu'il voulut parler, puis il lui répondit en ces termes :

« Si je ne croyais pas à ta réussite, je ne te proposerais pas de te prêter dix mille francs, vu que tu n'as aucune hypothèque à m'offrir. C'est parce que je te reconnais pour un bon cultivateur, actif, laborieux et rangé, que je te fais mon offre et que je te conseille hardiment de te mettre à ton compte.

» La ferme de Marencour n'est pas affermée cher, et moi qui la connais, je suis persuadé que tu en tireras le tiers, peut-être moitié plus qu'on n'en tire aujourd'hui. Sans tarder il faut aller trouver le notaire, M. Périgneau, et entrer en pourparlers avec lui. Je sais que le fermier s'en va : il me l'a dit, en me demandant si je connaissais quelqu'un qui pourrait prendre sa place et acheter son matériel. Il est vieux, infirme, et comme il n'a pas d'enfants, il se retire tout à fait. J'ai pensé à toi et je lui ai répondu que j'avais son affaire. Il m'a autorisé alors à parler au notaire. Tu connais M. Périgneau, qui te connaît également. Tu lui diras que tu as un capital de quinze mille francs pour te procurer le matériel nécessaire et moi je parlerai au fermier de Marencour. Ainsi engagée, je ne doute pas que l'affaire ne réussisse.

» Lorsque tu seras établi sur Marencour, continua le maître de Goignot, tu trouveras facilement une brave fille de cultivateur qui t'apportera bien quelque argent et te secondera; car vois-tu, Goignot, à la tête d'une ferme il faut non seulement un bon fermier, mais encore une bonne fermière pour que l'exploitation marche bien. »

Ce petit discours débité d'un ton froid et convaincu leva les scrupules de Goignot. Il suivit le conseil de son maître et dès le lendemain se rendit chez M. Périgneau pendant que son maître allait trouver le fermier de Marencour. L'affaire marcha plus rondement encore qu'on ne s'y attendait. D'un commun ac-

GOIGNOT SE MARIA AVEC LA FILLE D'UN CULTIVATEUR.

cord la durée du bail de Marencour, qui était encore de deux ans, fut réduite à six mois, et Goignot, qui avait acheté le matériel du fermier à dire d'experts, y entra à la Saint-Michel suivante.

Au bout de six mois il suivit le conseil de son ancien maître et se maria avec la fille d'un cultivateur du canton qui lui apportait un troupeau et cinq cents pistoles avec faculté de verser les pistoles dans le fonds d'exploitation.

On pourra trouver que Goignot avait réellement bien de la chance de rencontrer un maître assez obligeant et assez confiant pour lui prêter une somme aussi importante sur sa seule signature, de plus une ferme et un matériel tout prêts à prendre.

Mais n'oublions pas que Goignot était entré à quinze ans chez son maître et qu'il y avait passé vingt années sans lui donner le moindre sujet de mécontentement. Pendant tout ce temps il s'était montré domestique fidèle, intelligent, laborieux et avait toujours pris les intérêts de son maître, comme s'ils eussent été les siens. Économe et rangé, il plaçait ses épargnes au lieu de les dépenser au cabaret, comme font tant d'autres. Ce qui ne l'empêchait pas d'être aussi enjoué dans les fêtes que tous les jeunes gens de son âge.

S'il eût été insouciant et paresseux, si seulement il eût aimé le plaisir au point de négliger ses devoirs pour courir après, s'il n'eût pas été connu comme un garçon économe, est-ce que son maître se serait occupé de lui, lui aurait proposé son argent et se fût entremis pour lui faire avoir Marencour avec le matériel? Non, certainement.

Goignot avait reçu tout simplement la récompense qu'il méritait. Continuant d'agir à Marencour comme il avait agi avant d'y entrer, seulement avec plus de liberté et d'indépendance, il avait accompli la prédiction de son ancien maître en doublant presque le produit de sa ferme. En peu d'années il avait remboursé ce qu'il devait, acheté des instruments aratoires perfectionnés et chargé sa terre d'autant de bétail qu'elle en pouvait porter. A son tour il avait placé de l'argent ou acquis de la terre, et à cette heure il aurait pu payer Marencour, peut-être.

Cependant la fortune ne lui avait pas ménagé les épreuves. Il avait perdu deux enfants en bas âge et n'avait plus qu'une fille, Marie, lui qui aurait mieux aimé avoir douze enfants qu'un seul. Cela le rendait souvent triste et songeur. Il eût été si heureux d'avoir des garçons pour en faire de bons cultivateurs comme lui ! Ce n'était pas sans pousser de profonds soupirs qu'il pensait à une nombreuse famille du pays, les Jarnet, les coqs du canton, dont les chefs, au nombre de huit, faisaient valoir les plus grandes fermes.

Ce n'était pas assurément qu'il leur portât envie. Goignot n'était ni jaloux, ni envieux de personne. Mais il avait une ambition avouable, fondée sur l'honneur et la probité : celle d'avoir des garçons à lui, à la tête d'exploitations importantes.

Une perte bien douloureuse était venue l'affliger quelques années auparavant. Sa femme était morte des suites d'un refroidissement après avoir langui quelque temps. Elle était pourtant d'une santé robuste, et son mal, s'il eût été soigné dès le principe, n'aurait pas eu de conséquences fatales. Mais par cela même qu'il ne paraissait avoir rien de grave, elle l'avait négligé, et lorsqu'elle s'en était occupée, il était trop tard. Les poumons étaient attaqués.

Marie n'avait que quatorze ans alors. Tout en conservant la grâce juvénile de l'adolescence, elle paraissait de deux ans plus âgée qu'elle ne l'était réellement : grande et bien faite, elle paraissait jouir d'une excellente constitution. Elle avait d'abondants cheveux châtains fins et ondulés, la peau blanche, un peu bistrée sur le cou et le visage par le grand air et le hâle, le front moyen et bien fait, les sourcils et les yeux noirs ; sa bouche moyenne était ornée de belles dents, un peu fortes, blanches et bien rangées.

C'était une charmante personne, la plus plaisante du canton.

L'expression de son visage ne déparait pas la régularité de ses traits, au contraire. Elle était franche et affable, bien qu'un peu sérieuse. Marie montrait en toutes choses un jugement sain et une volonté ferme.

Depuis qu'elle n'allait plus en classe, et tout en continuant à suivre à la maison les leçons de l'institutrice, Marie s'était mise bravement à aider sa mère malade. A l'époque de sa mort, Marie en était arrivée à la suppléer à peu près en tout.

Goignot regrettait trop vivement sa femme pour avoir de sitôt l'idée de se remarier. Cependant une femme était indispensable pour le seconder dans l'exploitation d'une ferme comme Marencour. Le brave fermier songea un moment à chercher une servante d'un âge mûr, intelligente et apte à diriger l'intérieur de sa maison. Mais il n'en fit rien, ne voulant pas donner à une étrangère une autorité qui aurait pu déplaire à sa fille. Absorbé par les travaux extérieurs, il n'avait point prêté assez d'attention à l'action de Marie pendant les derniers temps qu'avait vécu sa femme, et comme tout avait marché avec le même ordre et la même ponctualité, il avait cru que c'était elle qui, de son lit de mourante, continuait de tout diriger.

Sa mort laissa un grand vide dans le cœur de son mari et dans celui de sa fille, mais l'ordre des choses n'en souffrit pas. Marie commença ou plutôt continua à diriger les travaux comme elle l'avait fait déjà depuis longtemps de sa propre initiative.

Il ne fallut pas grand temps à maître Goignot pour découvrir ce qu'était sa fille et ce qu'elle valait. Dès ce moment, bien qu'il n'eût que cinquante-trois ans, il prit la résolution de ne pas se remarier, de peur que la femme qu'il prendrait ne portât ombrage à sa fille. Il aimait tendrement Marie, sans pouvoir s'empêcher de regretter qu'elle ne fût pas un garçon, et à aucun prix il ne voulait l'exposer à entrer en lutte avec une belle-mère à qui elle aurait bien été forcée de céder la plus grande partie de son autorité, sinon l'autorité tout entière. Tiré dans un sens, tiré dans un autre, sa vie, à lui, fût devenue un enfer. Le plus sage était de rester veuf, sauf à marier sa fille dès qu'il se présenterait un parti convenable.

C'est deux ans après la mort de madame Goignot que madame Jarnet avait engagé son fils à se marier et à jeter les yeux sur Marie. La brave femme, très fière d'être la plus grosse fermière du canton, ne doutait pas que son fils ne fût accueilli à bras ouverts par maître Goignot. On savait bien dans le pays que le fermier de Marencour avait pas mal de morceaux de terre et d'argent placé. Mais sa ferme était bien moins considérable que Glagny, et si Pierre Jarnet n'avait pas autant de terre que Goignot, il était supérieur à Goignot du côté du matériel de ferme et du mobilier. D'un autre côté, madame Jarnet avait la faiblesse, commune à beaucoup de mères, de juger que personne n'était au-dessus de son fils et trouvait que ce serait pour Marie non seulement un grand avantage, mais encore un grand honneur de devenir sa femme.

Pierre Jarnet était un grand et solide gaillard, haut en couleur et d'une santé prospère; il avait la parole facile et le ton cassant. Il laissait à sa mère le soin de mener la ferme, se réservant pour les courses extérieures et surtout pour les foires et les marchés de l'arrondissement, où il ne manquait jamais de se rendre et où il menait joyeuse vie avec des compagnons de plaisir qu'il entraînait à sa suite.

A mener une pareille vie il dépensait beaucoup d'argent. Sans être ce qu'on appelle ivrogne, il revenait quelquefois trop gai à Glagny dans sa carriole, à laquelle il attelait un jeune et fringant cheval gris.

Comme il avait du foin dans ses bottes, il faisait l'important et traitait du haut de sa grandeur les autres cultivateurs, même ceux qui partageaient ses plaisirs. Le maire de la commune était de sa connaissance. Il affectait avec lui une grande familiarité. Il l'appelait « un tel » tout court, bien que ce fût un homme qui avait le double de son âge. Il s'était présenté pour être membre du conseil municipal ; mais il avait piteusement échoué, pour avoir affiché des opinions qui n'étaient pas celles de la majorité de ses concitoyens. Alors il s'était audacieusement rangé dans l'opposition.

Tout ce qu'il y gagna, ce fut de se mettre à dos un certain nombre de personnes qu'il aimait à fréquenter par amour-propre, sans gagner pour cela la confiance de l'autre parti.

En somme, maître Jarnet connaissait beaucoup de monde et surtout un grand nombre de cultivateurs. Mais ses airs importants déplaisaient en général. On ne le fuyait pas, mais on avait peu de sympathie pour lui. Seuls les jeunes gens qui aimaient, comme on dit, à s'amuser et ceux qui sont enclins à se laisser dominer, recherchaient sa société.

Goignot était en bons termes avec lui, mais il n'y avait aucune intimité entre eux. Lui et madame Jarnet ne s'étaient pas parlé plus d'une douzaine de fois. Ce n'était pas du jour au lendemain que l'idée d'un mariage entre Pierre et Marie s'était offerte à l'esprit de la grosse fermière de Glagny. Elle la nourrissait depuis longtemps. Quand Marie était encore toute jeune, elle la *guignait* déjà du coin de l'œil, attendant qu'elle fût en âge de se marier pour en parler à son fils.

Madame Jarnet, une des bonnes cultivatrices du pays, était souvent gênée par les dépenses exagérées de son fils, auquel elle ne savait rien refuser. Non seulement il éparpillait son argent sans profit, mais encore sa négligence nuisait aux affaires de la ferme ; car, quelques qualités que possède une femme, elle ne peut remplacer le maître en tout. Madame Jarnet pensait avec raison qu'il était temps pour Pierre de faire une fin, de se ranger au travail et de devenir un bon cultivateur comme avait été son père. D'un autre côté, elle avait besoin d'argent. Le matériel de Glagny n'était plus à la hauteur des progrès accomplis ; le troupeau demandait à être en partie renouvelé et le mobilier même laissait à désirer. Tout cela s'arrangerait par un bon mariage. Une jeune femme, douce et agréable, rendrait Pierre plus sédentaire, plus laborieux, et la dot permettrait de combler les vides.

Marie Goignot était jeune, jolie et riche, riche surtout! Elle réunissait donc toutes ces conditions. De plus madame Jarnet s'était assurée sous main qu'elle n'était point coquette, qu'elle ne courait point après le plaisir, qu'elle était économe et très laborieuse.

Cependant une considération singulière avait fait hésiter l'orgueilleuse fermière. Marie n'appartenait pas, comme son fils, à une famille de coqs de paroisse. Son père n'était qu'un ancien garçon de ferme enrichi. Pierre allait se mésallier en l'épousant.

Ainsi pensait la mère Jarnet, plus imbue des préjugés de naissance que si son fils fût descendu d'une famille titrée.

Pierre Jarnet avait souvent remarqué Marie et admiré sa grâce et sa beauté. Il pensait que, le moment venu, elle ferait une excellente femme de cultivateur. Il était même allé plusieurs fois le dimanche du côté de l'église pour la voir. Il ne se montra donc pas rétif quand sa mère commença à lui parler de Marie Goignot. Mais il n'était pas pressé d'enterrer la vie de garçon, et Marie était si jeune! Il pouvait bien attendre encore, sachant surtout qu'elle n'avait pas de prétendant. Il était persuadé, d'un autre côté, que le jour où il apprendrait qu'elle était recherchée, il n'aurait qu'à se présenter pour évincer son rival.

Madame Jarnet, tout aveugle qu'elle était quand il s'agissait du mérite irrésistible et de la position de son fils, n'était pas aussi confiante que lui à ce sujet. Elle estimait fort le père de Marie sur le portrait qu'on lui avait fait de son caractère. Elle savait qu'une fois sa parole donnée, il ne la reprendrait pas sans de graves raisons. Son fils ferait donc bien de se présenter le premier et d'obtenir une promesse pour ne point s'exposer à être prévenu.

Pierre se rendit aux conseils de sa mère. Il fut convenu que le dimanche suivant il irait au bourg de la commune où se trouvait Marencour et ferait à maître Goignot des avances significatives, préliminaires d'une visite plus significative encore que lui et sa mère lui rendraient bientôt.

Goignot accueillit très bien maître Jarnet. Il ne fut pas difficile au malin fermier de deviner à son empressement quelle était sa pensée. Mais il ne laissa pas voir la sienne. Ils se quittèrent en se donnant une poignée de main. Quinze jours après Jarnet vint à Marencour. Goignot le reçut avec affabilité, comme le jour où il l'avait rencontré au bourg. Après l'avoir fait rafraîchir, il l'emmena voir ses récoltes (on était à la mi-juin). Jarnet ne put qu'applaudir à la beauté des récoltes, à la propreté de la terre et au bon entretien des fossés, talus, sentiers, etc. Il dut se dire sans aucun doute que la ferme de Glagny, si bien cultivée qu'elle fût, devait céder le pas à Marencour.

Lorsque Jarnet quitta Goignot, il lui dit en lui serrant la main :

« Je vous remercie, maître Goignot, de m'avoir fait voir Marencour. C'est une bonne leçon que je viens de prendre, et j'espère que ce ne sera pas la dernière. J'espère aussi que vous voudrez bien venir nous voir, ma mère et moi, à Glagny, et me donner sur les lieux quelques-uns de vos bons conseils. »

On ne pouvait pas faire plus adroitement sa cour. Les cultivateurs sont tous fiers de leurs cultures. Maître Goignot n'était pas exempt de cette faiblesse. Il promit à Pierre d'aller lui rendre sa visite, ajoutant qu'il était sûr d'avoir les mêmes compliments à lui adresser.

Le dimanche suivant le fermier de Marencour se rendit seul à Glagny dans sa carriole. Mme Jarnet parut vraiment heureuse de le voir; seulement elle lui reprocha de n'avoir pas amené sa fille Marie, qui devait avoir bien grandi depuis qu'elle ne l'avait vue.

La fermière ne disait pas exactement la vérité. Avant de parler de Marie Goignot à son fils, elle avait voulu juger par elle-même de ce qu'elle était.

La paroisse où se trouve Glagny n'est pas la même que celle de Marencour. Les deux églises sont même assez éloignées l'une de l'autre. Un dimanche matin Mme Jarnet s'était rendue à la messe où Marie avait l'habitude d'aller. Placée dans un endroit de l'église où elle pouvait tout voir sans être remarquée, elle avait pu s'assurer que sa bru en espérance avait bon visage et bonne tournure. Ses qualités morales lui étaient déjà bien connues.

Ces deux visites échangées à huit jours de distance furent bientôt connues de tout le canton, et on en conclut naturellement que Pierre Jarnet recherchait la main de Marie Goignot. Il y en avait même qui allaient plus loin et assuraient que le mariage était décidé.

Jarnet revint à Marencour et Goignot retourna à Glagny; mais Marie ne bougea pas. Malgré cela, on était convaincu que le mariage allait avoir lieu.

Maurice Mazé fut l'un des premiers à entendre ces propos de désœuvrés, et aussi l'un des premiers à y croire, ce qui ne le fit pas rire. Il fut confirmé dans son idée par une petite scène dont il fut témoin, un dimanche, sur la place de la mairie. Goignot se montra si affable ce jour-là et Jarnet si empressé, que Maurice ne conserva pas l'ombre d'un doute.

Mais, direz-vous, qu'est-ce que cela pouvait lui faire, puisqu'il était bien sûr, lui, le fils d'un homme à moitié ruiné, de n'être jamais accepté pour gendre par maître Goignot?

Vous avez raison : cela n'aurait pas dû le troubler, et cependant cela le troubla si fort, qu'il résolut aussitôt de quitter le pays et de s'engager.

Goignot n'était pourtant pas aussi pressé de marier sa fille à Pierre Jarnet que pouvait le croire Maurice. D'abord Marie le connaissait peu et s'était montrée très réservée, presque froide quand il était venu à Marencour. Après avoir, sur l'ordre de son père, servi des rafraîchissements, elle s'était retirée, laissant les deux hommes deviser à leur aise.

Goignot était terriblement embarrassé : d'une part il n'aurait pas été fâché d'avoir pour gendre le plus gros cultivateur de l'arrondissement; d'autre part il se faisait malaisément à l'idée que Marie quitterait Marencour et lui laisserait toute la ferme sur les bras. Justement il venait de renouveler son bail pour neuf ou dix-huit ans.

Mᵐᵉ Jarnet cependant, pour frapper un grand coup, accompagna un jour son fils à Marencour. C'était une démarche bien plus significative que les visites échangées jusque-là.

Marie, à son tour, vint avec son père à Glagny. Jusqu'à ce moment elle ne s'était pas crue intéressée dans toutes ces allées et venues. Elle avait pensé qu'il s'agissait d'une simple liaison comme en forment parfois les cultivateurs. Une pensée assez saugrenue lui avait même traversé l'esprit, c'est que son père pourrait bien épouser la veuve Jarnet. Mais à la réflexion elle avait ri toute seule d'une chose aussi invraisemblable. L'accueil qu'elle reçut à Glagny lui éclaira l'esprit d'une lumière soudaine. On fut si empressé, si affectueux, le plaisir de la voir fut si affecté, qu'elle devina le véritable état des choses.

Un beau dimanche dans l'après-midi, Goignot, qui paraissait préoccupé et soucieux depuis plusieurs jours, alla prendre sa fille à la sortie des vêpres. On était au mois d'août et, comme l'été avait été sec, les champs étaient à peu près dépouillés de leurs récoltes et les blés qui n'étaient pas en meules étaient en moyettes. Seuls ceux de Concheville étaient encore en partie sur la terre, tels qu'ils étaient tombés sous la faux.

Maître Goignot, sous prétexte de voir où en était la moisson, fit faire à sa fille un long détour. Lorsqu'il fut en pleins champs et loin de toute oreille indiscrète, il ralentit sa marche et, la tête un peu plus inclinée et le visage attristé, il lui dit :

« Tu es grande et forte, Marie, et de plus une belle fille :
je puis te dire cela, moi ton père. Tu es capable de faire une
femme de cultivateur, bien que tu n'aies guère que seize ans.
On m'a demandé ta main…

— Maître Jarnet, dit la jeune fille sans plus de mystère.

— Oui, Pierre Jarnet : qui te l'a dit?

— Personne, mon père mais depuis notre visite à Glagny je
savais qu'il pensait à moi.

— Ah! rusée petite commère, ne put s'empêcher de s'écrier
Goignot, et il ajouta d'une voix tremblante : Oui, maître Jarnet
et sa mère sont venus à Marencour le jour où tu es allée à la
ville avec Renotte faire des emplettes. Ils savaient sans doute
que tu devais t'absenter, car ils n'ont pas demandé à te voir,
mais ils m'ont demandé ta main. »

Goignot, après avoir fait un grand effort pour aller jusqu'au
bout, se tut brusquement, tout ému d'en avoir dit si long.

Marie aussi gardait le silence, mais elle paraissait parfaitement calme.

« Eh bien, tu ne dis mot, reprit son père au bout d'un instant.

— Que voulez-vous que je dise, mon père? répondit-elle.

— Consens-tu à épouser Pierre Jarnet?

— Non, mon père. » Son accent était si ferme en prononçant ces paroles que le bonhomme en fut frappé.

« Comment non ! s'écria-t-il.

— Mon père, je suis trop jeune pour songer à me marier.

— Mais, ma fille, l'âge ne fait rien quand on est forte et
bonne ménagère comme toi et qu'un bon parti se présente, »
fit observer Goignot, qui faisait passer son affection pour elle
avant toute considération personnelle, et il ajouta : « Il y en a
bien d'autres qui se sont mariées à ton âge et qui sont bien
heureuses.

— Je ne dis pas, mais je ne le ferai pas, répondit Marie
avec le même accent de résolution arrêtée. D'ailleurs cette

raison-là n'existerait pas qu'il y en aurait une autre, plus sérieuse encore.

— Laquelle? demanda son père avec une vague inquiétude.

— Si je me mariais, il me faudrait aller habiter Glagny?

— Certainement.

— Eh bien! je ne veux pas vous quitter.

— Tu ne veux pas me quitter? répéta son père avec un éclair de joie dans le regard.

— Non, mon père. Je suis très heureuse à Marencour et je ne crois pas vous y être inutile.

— Oh! pour cela non! s'écria Goignot. Mais il faudra bien te marier un jour ou l'autre...

— Si ça doit arriver, que ce soit le plus tard possible. »

Le père Goignot, qui, depuis qu'il était homme, n'avait encore pleuré qu'à la mort de sa femme, sentit ses yeux se mouiller.

« Tu as raison, dit-il d'une voix tremblante, restons comme nous sommes. Mais que faut-il répondre à maître Jarnet et à sa mère? J'ai dit que tout dépendait de ton consentement.

— Vous leur répondrez simplement que je me trouve trop jeune pour entrer en ménage. »

Après cette conversation il y eut un moment de silence. Goignot et sa fille longeaient les terres de Concheville.

« Mazé n'a pas mis son blé en moyettes, dit-il. Il pourrait bien lui en cuire. A quoi donc pense Maurice?

— Oh! ce n'est pas sa faute.

— Sans doute, il n'est pas le maître. Mais si j'étais à sa place, je pousserais joliment le père Mazé.

— Ils ne s'entendent pas bien, fit observer Marie devenue très sérieuse.

— C'est vrai; Mazé n'est pas commode. S'il n'y avait que Maurice, nous ferions bon voisinage, mais avec son père il n'y a pas moyen d'y songer. »

III

Lorsque maître Goignot avait une affaire désagréable à régler, il s'empressait de s'en débarrasser. Dès le lendemain il se rendit à Glagny.

Madame Jarnet disposait de larges terrines de lait pour faire monter la crème plus vite.

« Je suis à vous, maître Goignot, dit la fermière en achevant d'écrémer une terrine, c'est-à-dire en laissant, par un procédé nouveau, écouler le lait maigre au moyen d'un robinet pratiqué au bas de la terrine.

— Prenez votre temps, madame, » répondit Goignot, qui avait entendu parler de ce procédé pour séparer la crème du petit lait et qui n'était pas fâché de voir si l'on en pouvait tirer un parti avantageux.

Quand elle eut terminé son travail : « Venez-vous ? » dit-elle en se tournant vers le fermier de Marencour.

Elle précéda maître Goignot dans une espèce de petit salon, à l'autre bout de la maison. En passant par la pièce principale elle donna l'ordre à un jeune garçon qui s'y trouvait d'aller chercher son fils, occupé aux champs.

Ce domestique, âgé d'une quinzaine d'années, était de l'espèce de ceux qu'on désigne sous le nom de goujats dans le pays, sans que cette appellation ait rien de méprisant; il partit au galop.

« Je viens vous rapporter la réponse, dit Goignot lorsqu'ils furent assis tous les deux et en tournant son chapeau dans ses mains, bien que madame Jarnet l'eût invité plusieurs fois à se couvrir.

— Ah ! très bien, maître Goignot, répondit la grosse fermière avec un sourire un peu contraint.

— Votre demande est bien honorable et bien avantageuse pour nous, continua Goignot, et j'espère bien que le mariage se fera, mais Marie se trouve trop jeune.

— Ah ! » s'écria madame Jarnet d'une voie étranglée. Dans son amour-propre de mère elle s'était figuré que Goignot et sa fille seraient trop heureux de se rendre au désir qu'ils avaient manifesté. « Quel âge a donc votre fille ? demanda-t-elle, bien qu'elle sût parfaitement l'âge de Marie.

— Elle n'a guère plus de seize ans, répondit Goignot.

— Tiens ! je croyais qu'elle avait de dix-huit à vingt ans. »

Pierre Jarnet entra en ce moment. Il était en costume de laboureur, blouse bleue, collet de chemise blanc rabattu, sans cravate, large chapeau de paille commune sur la tête. Il donna une forte poignée de main au fermier de Marencour.

« Mademoiselle Goignot ne veut pas de toi, cria sa mère d'une voie aigre pour mettre fin à ces témoignages de cordialité

— Je n'ai pas dit ça, madame Jarnet, protesta Goignot ; au contraire : je vous ai dit que ma fille et moi sommes très flattés de votre demande, mais que Marie se trouve trop jeune pour entrer en ménage ; voilà tout. Elle ne refuse pas maître Pierre le moins du monde... »

Jarnet, qui aux paroles de sa mère avait laissé tomber la main de Goignot et dont un nuage avait assombri le visage, reprit une physionomie plus sereine.

« Alors, dit-il, c'est comme s'il n'y avait rien de fait.

— Mais non, répondit Goignot ; la demande subsiste toujours, si ça vous convient.

— Eh bien, arrêtons dès aujourd'hui le mariage pour dans

deux ans, et même trois si vous voulez, reprit madame Jarnet, et fiançons-les en attendant. »

Goignot se trouva assez embarrassé, car Marie lui avait dit qu'elle ne s'engagerait pas. Heureusement Jarnet vint à son secours.

« A quoi bon des fiançailles, dit-il, si nous ne devons nous marier que dans trois ans. J'espère, ajouta-t-il, que cela ne nous empêchera pas de nous voir en bons voisins. J'irai de temps en temps à Marencour.

— C'est cela. Venez nous voir avec madame Jarnet, répondit Goignot avec une certaine finesse, vous nous ferez bien plaisir. Seulement il faudra nous faire savoir quand vous viendrez, pour que vous ne trouviez pas visage de bois : le dimanche nous sommes rarement chez nous.

— Je suis vieille et j'ai bien de l'occupation, répondit madame Jarnet, qui saisit facilement le fond de la pensée de Goignot, et je ne vous promets pas d'aller souvent à Marencour. C'est même pour ces deux raisons-là que je désirais voir mon fils se marier. Mais puisque mademoiselle Goignot se trouve trop jeune et que le mariage est renvoyé à... au... à plus tard, il faut que je ménage mes forces pour tenir la ferme en état jusqu'au jour où elle viendra la diriger.

— Comme il vous plaira, madame Jarnet, répondit Goignot ; mais soyez bien persuadée que lorsque vous viendrez à Marencour, vous et maître Pierre, vous serez toujours bien reçus et me ferez toujours plaisir. »

Il n'y avait plus rien à dire, Goignot se leva. Il refusa les rafraîchissements qu'on lui offrit et on se quitta un peu froidement.

Goignot n'avait pas de raison d'en vouloir aux Jarnet, et Pierre n'était pas très contrarié de voir son mariage ajourné ; madame Jarnet seule était singulièrement déçue et blessée dans son amour-propre.

Maître Jarnet prenait les choses plus philosophiquement et

attendait sans impatience que Marie voulût bien se décider. En attendant, il continuait de mener la vie de garçon, mangeant bien, buvant frais et courant toujours les foires.

Il y avait près de cinq ans que Marie avait été demandée par maître Jarnet et les choses n'étaient pas plus avancées que le premier jour. Pierre avait un peu vieilli, ses traits étaient un peu plus fatigués, on apercevait quelques rides aux coins des yeux et quelques poils gris au bas des tempes. Son caractère n'avait pas changé.

Les relations de Glagny avec Marencour n'avaient pas entièrement cessé. Deux fois par an madame Jarnet et son fils allaient voir Goignot et Marie, et ceux-ci leur rendaient leur visite dans le mois.

Marie avait alors vingt ans passés. Elle ne paraissait pas plus pressée de se marier que lors de la demande de Pierre Jarnet. Son père, qui se trouvait bien de l'état présent des choses, ne lui rappelait point la demande dont elle avait été l'objet.

Un jour le bruit se répandit que Maurice Mazé était libéré du service et qu'il revenait avec le grade de sergent-major et la médaille militaire, gagnée en Algérie. On disait que, porté sur le tableau d'avancement pour le grade de sous-lieutenant, il avait hésité à quitter l'armée, et que s'il s'était décidé, ce n'avait été que sur les instances de son père.

Cette dernière assertion avait d'autant plus lieu de surprendre que ses démêlés avec lui étaient la cause ostensible de son engagement. On était impatient de revoir Maurice, qui n'était revenu qu'une fois au pays depuis son départ, et on se demandait quels changements son retour pourrait amener dans les affaires de Concheville, qui s'en allaient de plus en plus à la débandade. Les uns disaient que les choses suivraient tranquillement leur cours avec un jeune homme qui évidemment n'avait pas pu apprendre l'agriculture au régiment. D'autres, qui avaient été autrefois les confidents et les témoins de ses ennuis et de ses tentatives infructueuses, soutenaient au contraire que tout allait changer à la ferme et qu'on verrait bientôt du nouveau.

Un matin, Mazé partit dans sa carriole. Il se rendait au-devant de son fils, à la ville voisine où se trouvait la gare : Maurice avait annoncé son arrivée pour onze heures. Avant de se rendre à la gare, le vieux Mazé était allé chez un avocat, afin d'assigner Goignot en dommages-intérêts pour irruption de bestiaux dans un de ses champs de blé où un talus écroulé ouvrait une large brèche.

C'était le troisième ou le quatrième procès que Mazé faisait à maître Goignot, qui détestait la chicane et aimait toujours mieux transiger que de plaider, ce qui coûte beaucoup moins cher.

Mazé trouva son fils qui l'attendait. Malgré la sécheresse de son cœur, accrue par ses contrariétés, ses rancunes et son inquiétude, malgré les discussions d'autrefois, il l'embrassa avec émotion et lui serra fortement et cordialement la main. Ensuite il le prit par le bras avec fierté devant tous les gens qui se trouvaient à la descente du train, comme pour leur dire : « Voyez : c'est mon fils. »

Maurice avait cinq pieds quatre pouces, deux pouces de moins que Pierre Jarnet ; mais il était mieux fait et mieux proportionné. Son teint était bruni par le soleil d'Afrique. Il avait de beaux yeux noirs, doux et fiers à la fois, une bouche bien faite ombragée d'une fine moustache noire. Il portait encore l'uniforme du régiment et sur sa manche les galons de maréchal des logis.

Après s'être rafraîchis au buffet de la gare, le père et le fils montèrent dans leur voiture et prirent le chemin de Concheville. Maurice était impatient de voir sa mère.

Pendant le trajet on ne parla pas d'affaires. Seulement Mazé dit en longeant le terres de Marencour :

« Oh ! le vieux Crésus ! il va encore avoir de mes nouvelles. »

IL PORTAIT L'UNIFORME DU RÉGIMENT.

Maurice ne demanda pas à son père à propos de quoi il adressait à Goignot absent cette espèce de menace. Mais il demanda si maître Jarnet était marié.

» Maître Jarnet? Non...

— Va-t-il toujours à Marencour ?

— Je ne m'occupe pas de cela, répondit son père. Cependant je crois qu'il ne va guère chez les Goignot, car je ne le le rencontre pas. »

Maurice respira plus à l'aise.

Onésime, qui ce jour-là n'avait pas la fièvre, se précipita dans la cour à la rencontre de son fils dès qu'elle entendit le bruit de la carriole. Elle l'embrassa avec une joie sincère. Cependant elle n'avait rien disposé pour lui faire fête. La table était servie comme à l'ordinaire. A peine les domestiques de la ferme souhaitèrent-ils la bienvenue au fils de la maison.

Maurice fut profondément affligé du mauvais état de la santé de sa mère et de l'aspect maladif de tous les gens de la ferme. L'air de langueur des gens et des bêtes, la saleté et l'état misérable de la ferme, l'odeur nauséabonde exhalée par la paille qui se décomposait tranquillement sur l'aire où l'on devait battre le grain au mois d'août, toutes ces misères, qu'il connaissait cependant de longue date, lui inspiraient une profonde tristesse.

On se mit à table. Personne, si ce n'est Mazé, ne lui adressai de questions, tellement ces gens-là étaient devenus indifférents à tout. Cependant, par exception, on ne mangeait pas à la débandade comme d'habitude. Madame Mazé elle-même avait rangé les écuelles et les avait remplies de soupe au lard et à la viande fraîche. En même temps la Javotte, sans qu'on le lui eût commandé, posait un grand plat au milieu de la table; ce plat contenait les restes du pot-au-feu de la veille, qui était un dimanche. Ce que voyant, le maître lui donna l'ordre d'aller tirer un grand broc de cidre à la *pignette*, c'est-à-dire au tonneau réservé.

Malgré cela le repas fut triste et morne, et ressemblait plutôt à un repas d'enterrement qu'à un festin de bienvenue. Onésime ne mangeait guère et ne parlait pas davantage. Mazé seul lui adressa, par-ci par-là, quelques questions, avec sa nonchalance habituelle, sur la vie qu'il menait au régiment, sur ses garnisons et sur les contrées qu'il avait parcourues. Maurice répondait sobrement, sans poser et sans chercher à produire de l'effet. Quelques-uns, la face penchée sur leur écuelle, ne se donnaient pas la peine d'écouter, les autres ne comprenaient guère et n'avaient jamais entendu parler des villes et des pays qu'il citait. La Javotte lui versait du cidre à rasades et l'invitait à manger, comme si elle eût été la maîtresse et qu'il n'eût pas été chez lui.

Le repas se prolongea encore plus que d'habitude. Maurice ne voulut point faire d'observations le jour de son arrivée. Il désirait d'ailleurs avoir une sérieuse explication avec son père avant de faire sentir l'autorité qu'il comptait bien s'attribuer. Cependant, comme personne ne bougeait, l'impatience le prit : il se leva, et, tirant de sa poche quelques cigares, il en offrit à son père et aux autres hommes.

« Je ne fume point de ces machines-là, répondit Mazé, je préfère ma pipe. »

Maurice alluma son cigare et son père sa pipe, après l'avoir bourrée lentement et méthodiquement, selon sa coutume.

« Allons voir les récoltes, dit le jeune homme.

— Nous avons bien le temps, répondit son père.

— C'est que je voudrais bien vous parler, mon père, » répliqua Maurice.

Mazé se décida à le suivre nonchalamment, en traînant ses sabots.

« Mon père, lui dit le jeune homme lorsqu'ils furent en rase campagne, vous savez à quelles conditions je quitte un état qui me plaît.

— Mais oui, mon garçon. C'est pour me donner un coup de main. Ça ne va pas à Concheville.

— Je le sais bien.

— Parbleu ! je te l'ai fait écrire.

— Vous ne l'eussiez pas fait que j'en serais convaincu, rien qu'à voir ce qui se passe à la ferme et ce que j'ai en ce moment sous les yeux.

— Eh bien, qu'as-tu donc tant vu ? » demanda son père d'un ton bourru.

Maurice ne répondit pas et continua.

« Je suis sergent-major et sûr d'être nommé officier dans deux ans si je reste au régiment. Eh bien, je n'ai point encore tout à fait renoncé à la carrière militaire, qui me plaît beaucoup.

— Ta présence sera plus utile pour nous ici que là-bas, lui dit son père.

— Si je n'écoutais que moi et si je ne pensais qu'à moi, je retournerais là-bas, répondit Maurice ; mais je suis cependant disposé à faire le sacrifice de mes goûts.

— Tes deux bras trouveront bien à s'occuper à Concheville, va !

— Oh ! ce ne sont pas tant les bras que la tête qu'il faudra faire travailler, mon père.

— Nous renverrons Jeannot, ce sera toujours ça d'économisé.

— Bah !...

— A quoi bon tant de monde avec un solide gaillard comme toi ; il est vrai que tu n'as plus l'habitude de manier la charrue et la herse, mais tu t'y remettras bien vite.

— Mon père, je ne refuserai pas de mettre la main à l'ouvrage quand il le faudra ; mais si vous pensez que c'est pour travailler comme un ouvrier que je renonce au service, vous vous trompe.

— Pourquoi est-ce alors ?

— C'est pour vous aider non seulement dans le travail manuel de la ferme, mais encore dans la direction.

— Comment l'entends-tu, mon garçon ?

— Ça ne marche pas mieux aujourd'hui à Concheville qu'à mon départ, répondit Maurice ; rien n'y est changé, si ce n'est que vous êtes devenu plus triste et plus soucieux, et ma mère bien plus malade.

— Que veux-tu donc faire?

— Vous rendre à vous la joie et à ma mère la santé.

— Tu es sorcier, toi, comme Galoupet, répondit Mazé avec ironie.

— Oh ! je n'ai pas la prétention de passer pour un sorcier, ni pour un Galoupet ; ces gens-là ne trompent que les ignorants et les gens crédules, dit Maurice.

— Galoupet n'est venu chez moi qu'une fois, répliqua son père ; il a laissé crever un de mes bœufs : aussi il n'y remettra jamais les pieds.

— Tant mieux, mon père.

— Mais tu ne me dis pas ce que tu entends faire à la ferme.

— Tout ce que vous me permettrez, mon père. Quelle autorité comptez-vous m'accorder à la ferme? Ma résolution dépendra de votre réponse.

— Dame ! encore faut-il savoir quelle part tu demandes. »

Maurice exposa son programme préparé d'avance.

Mazé l'écouta avec de fréquents mouvements d'impatience, mais il n'osa l'interrompre. Seulement, lorsque Maurice cita l'exemple de leur voisin de Marencour, il ne put se maîtriser :

« Te voilà comme le père Crésus, toi, tu veux *innover*. »

Il avait entendu prononcer ce mot dans une réunion de cultivateurs au cabaret, et l'un d'eux lui en avait donné une explication outrée et dérisoire.

« Mais il ne s'en trouve pas plus mal, de ses innovations, » répliqua Maurice un peu vivement. Il regretta tout aussitôt d'avoir fait intervenir maître Goignot, connaissant l'inimitié de son père.

« C'est-à-dire qu'il a plus de chance qu'un honnête homme n'en devrait espérer, » répondit Mazé avec humeur. Il reprit après un moment de silence :

« Mais il faut de l'argent pour faire tout cela, et je n'en ai pas.

— Nous nous en procurerons.

— Où cela ?

— N'avez-vous pas le clos de la Chesnaie.

— Eh bien ?

— Nous le vendrons.

— Jamais !... s'écria Mazé en s'arrètant subitement.

— Il faudra bien, mon père.

— Vendre la Chesnaie, le champ que m'a laissé ton grand-père, ah ! mais non ! Je veux bien emprunter, mais vendre, jamais ! D'ailleurs il est déjà hypothéqué.

— Je m'en doutais, répondit Maurice en pâlissant.

— Je dois dessus 5000 francs, et aujourd'hui je ne trouverais pas 8000 francs en l'hypothéquant tout à fait.

— Aussi ne vous conseillerai-je jamais cela, mon père. Ce serait hâter notre ruine.

— Que veux-tu, alors ?

— Je vous l'ai dit : vendre la Chesnaie.

— Jamais, non jamais je ne vendrai mon champ, s'écria l'entêté paysan. Parlons d'autre chose.

— Écoutez-moi, mon père, reprit son fils d'un ton doux, ferme et persuasif à la fois. Si je ne considérais pas cette vente non seulement comme utile, mais comme absolument nécessaire pour éviter la ruine, je ne vous la conseillerais pas.

— Parle !.....

— Vous devez déjà 5000 francs sur la Chesnaie, continua Maurice, et pour ces 5000 francs vous payez près de 300 francs d'intérêts...

— Deux cent cinquante, interrompit Mazé.

— Trois cents, mon père, en ajoutant aux 5000 francs les frais de l'acte et autres, le temps perdu et le dérangement, qui représentent bien près de 1000 francs. En admettant que nous trouvions encore 8000 francs à emprunter, vous aurez de 750 à 800 francs d'intérêts à payer chaque année. Or vous ne louez pas la Chesnaie 400 francs nets d'impôts : faites le calcul... Vous aurez donc 400 francs à ajouter à la location pour compléter les intérêts. En vendant la Chesnaie, vous bénéficiez tout d'abord de cette somme par an, et vous avez sous la main pour améliorer Concheville un capital dont personne n'a à vous demander compte.

— Ta mère ne voudra jamais consentir à cela, répondit Mazé ébranlé.

— Vous l'y déciderez, mon père, en lui démontrant la nécessité absolue qu'il y a de le faire, si nous ne voulons pas achever de manger le champ et de consommer notre ruine.

— Mais que ferons-nous de tout cet argent, qui dormira chez nous?

— Oh! il ne dormira pas, répondit le jeune homme. Nous n'aurons même pas assez de fonds pour tout ce qu'il serait urgent de faire.

— Ah! je parie que tu veux imiter le père Crésus et acheter toute espèce de mécaniques comme on n'en avait jamais vu dans le pays avant lui. S'il avait tout l'argent qu'il a mis là et celui qu'il y met encore tous les jours, il serait plus riche qu'il n'est, va!

— Je crois au contraire, mon père, que c'est parce qu'il a placé ainsi son argent, qu'il est riche aujourd'hui. Quand nous en serons là, nous procéderons prudemment et au fur et mesure de nos ressources. Ce qu'il nous faut faire d'abord, c'est d'améliorer la terre. »

Et comme ils étaient arrivés à ces deux pièces de blé limitrophes, dont l'une, qui appartenait à Goignot, offrait un aspect

BLÉ.

magnifique, tandis que dans la leur les épis étaient grèles et poussaient clairsemés, Maurice reprit :

« Tenez, mon père, regardez la différence entre ces deux récoltes. Cependant la terre de notre champ vaut au moins celle du champ du voisin, et pourtant comme son blé est plus abondant et comme l'épi est plus long et plus gros que le nôtre. Il aura

LE PRÉ EST ENVAHI PAR LES AJONCS.

certainement une récolte presque double de la nôtre. Savez-vous pourquoi, mon père ?

— Parce que le père Crésus a de la chance, parbleu ! répondit Mazé en répétant toujours la même antienne.

— Oh ! ce n'est pas cela, mon père ; c'est qu'il a fumé sa terre beaucoup plus que vous n'avez fumé la vôtre.

— J'y ai mis tout ce que j'avais de fumier, et je n'avais pas d'argent pour en acheter.

— Il fallait en faire.

— De l'argent !

— Non ; du fumier.

— Avec quoi?

— Avec des bestiaux.

— Et les nourrir?..... J'ai à peine du fourrage pour les huit vaches et les quatre chevaux, quand l'année est bonne.

— Il faut faire du fourrage et avoir vingt vaches au lieu de huit et six chevaux au lieu de quatre.

— Il n'y a pas assez de prés à Concheville, et ceux qu'il y a ne valent pas lourd. La terre n'est point avantageuse.

— La terre est souvent ce qu'on la fait, répliqua Maurice. Je ne dis rien des prés, qui n'ont pas changé depuis mon départ, si ce n'est qu'ils sont encore plus envahis par les joncs et les glaïeuls : nous nous en occuperons plus tard ; mais en attendant qu'ils nous donnent le double de foin, nous créérons des prairies artificielles.

— Il n'y a pas moyen ; toutes les terres sont en blé, en seigle, en avoine ou en jachères. Il faut du blé pour faire de l'argent et payer le fermage.

— Mon père, croyez-moi, faisons des prairies artificielles en attendant que nos prés nous donnent de la bonne herbe et du bon foin. Ne craignons pas d'affecter à cette culture même des pièces à froment. Nous achèterons le plus de bœufs et de vaches que nous pourrons, nous aurons trois fois plus de bon fumier et, en ensemençant moins de terre en froment et en seigle qu'aujourd'hui, nous aurons le double de grain et bien plus de lait et de beurre à porter au marché.

— Tout ça c'est des rêves, répliqua Mazé troublé et effrayé des projets de son fils, qui bouleversaient toute sa routine.

— Depuis bien des années, mon père, le prix du blé n'augmente pas, tandis que celui de la viande a presque doublé depuis vingt ans, et pourtant elle ne coûte pas plus à produire et peut-être moins à présent qu'autrefois : cela tient à ce qu'on

MOUTONS.

en mange tous les jours davantage. Donc il y a un intérêt évident à avoir le plus de bétail qu'on peut. Maintenant, ce qui n'est pas un rêve, mon père, ajouta Maurice en s'arrêtant et en accentuant ses paroles, c'est que nous marchons à une ruine certaine, quand bien même nous userions toutes nos forces à continuer sans y rien changer ce qui se pratique chez nous aujourd'hui. »

Ce dernier argument, s'il ne convainquit pas Mazé, le fit beaucoup réfléchir et acheva de l'ébranler. Il suivit son fils la tête basse, les mains dans ses poches, sans proférer une parole. Une lutte terrible et prévue avait lieu en lui : Maurice lui avait écrit du régiment que s'il restait à Concheville, ce serait à la condition formelle et sur engagement pris d'écouter et de suivre ses avis. Il sentait bien que son fils n'avait pas tort de raisonner ainsi, mais l'avenir tel qu'il le lui présentait lui offrait un terrible inconnu. Depuis son enfance il avait vu les mêmes procédés de culture invariablement suivis et il était imbu de cette idée que la terre, comme toutes choses, devait se reposer quand elle avait donné selon sa force. Il ne savait pas qu'on peut lui rendre cette force par des moyens artificiels et en alternant les différentes cultures : c'est ce qu'on appelle la *rotation*.

Maurice aussi gardait le silence. Il pensait en avoir dit assez pour une première fois en émettant ces idées générales. Il fallait leur donner le temps de se classer dans l'esprit lent et très obstiné de son père. Le jeune homme n'avait certes pas l'ombre de mépris pour son père; mais il le connaissait bien et savait qu'il ne fallait pas le heurter ni le surmener si on voulait en tirer quelque chose.

Ils arrivèrent ainsi au bout du champ qu'une allée de hêtres limitait en se prolongeant sur Marencour, et se trouvèrent tout à coup en présence de maître Goignot et de sa fille, qui revenaient du bourg par la traverse. Ni les uns, ni les autres ne s'étaient vus à distance. Maurice, très ému, fut pris comme d'un tremblement. Marie pâlit et rougit tour à tour.

« Te voilà revenu au pays ! » lui dit le fermier de Marencour en lui tendant la main d'un air amical.

On sait que lui et Maurice s'étaient toujours dit bonjour et s'étaient quelquefois adressé la parole quand ils se rencontraient autrefois.

« Oui, maître Goignot, répondit Maurice.

— Pour y rester ?

— Oui, pour y rester..., probablement.

— Allons ! c'est très bien ; » et Goignot ajouta, en remarquant ses galons et sa décoration : « Je vois que tu n'as pas perdu ton temps au service. » C'était une manière de faire un compliment à Maurice.

« Oh ! on a été bienveillant pour moi, voilà tout, » répondit le jeune homme modestement.

Goignot sourit et repartit : « Si tu n'avais pas eu une bonne conduite et si tu n'avais pas fait preuve de bravoure, tu n'aurais rapporté ni ces galons, ni cette décoration-là, mon garçon. » Pendant ce temps Mazé s'éloignait toujours, comme un butor, les mains dans ses poches et la tête baissée, pour ne pas prendre part à la conversation. Goignot souhaita le bonjour à Maurice et s'éloigna à son tour.

« Il ne sait pas ce qui l'attend, le vieux Crésus, dit Mazé à son fils.

— Quoi donc, mon père ? demanda Maurice.

— Une bonne assignation qui va lui tomber sur le dos aujourd'hui ou demain.

— Une assignation, de la part de qui ?

— De la mienne, parbleu !

— Et pour quel motif faites-vous assigner maître Goignot.

— Parce que ses bestiaux sont entrés dans un de mes champs et ont tondu une bonne place, répondit Mazé. Je ne veux rien perdre, moi, pas plus avec Goignot qu'avec tout autre. D'ailleurs, je n'en ai pas les moyens. »

En apprenant qu'une assignation menaçait le père de Marie

précisément le jour de son retour et quand il venait de recevoir
de lui un accueil si affable, Maurice sentit que son cœur se
serrait douloureusement. Quand il sut pour quel futile motif
son père lançait cette assignation, il ressentit une sourde indignation.

« Mon père, si les bêtes de maître Goignot sont entrées
dans votre champ, dit-il d'une voix profondément triste, et si
elles y ont commis quelque dommage, ce n'est peut-être pas
sa faute, ni celle de personne. Elles auront trouvé une barrière
ouverte ou une brèche dans la haie et auront passé : voilà tout.
Du reste le dommage qu'elles ont causé ne peut être bien grand,
et je suis sûr que notre voisin ne se serait pas refusé à vous en
payer le montant de gré à gré.

— Ne vas-tu pas me donner tort, à présent? s'écria Mazé
avec colère.

— Non; je dirai pourtant qu'il eût mieux valu demander
un arrangement amiable que de faire un procès. Le gagnant
est souvent perdant aussi, mon père.

— J'ai mes témoins qui ont vu le coup, et cette fois ce ne
sera pas comme pour le chemin mitoyen.

— Ah! oui, ce fameux procès qui vous a coûté huit cents
francs, sans parler du temps perdu en allées et venues et des
inquiétudes qui vous ont dévoré le cœur pendant plus de deux
ans répondit Maurice d'un ton où il y avait de l'ironie et de
l'amertume.

— Par la faute de mon avocat ; mais j'en ai pris un
autre. »

Maurice et son père, qui s'étaient arrêtés un instant, se re-
mirent à marcher, mais lentement et comme absorbés l'un et
l'autre dans leurs réflexions. Le premier, qui semblait se re-
cueillir et dont un nuage assombrissait la physionomie, s'arrêta de nouveau. :

« Mon père, dit-il d'une voix ferme et douce à la fois, je
vous l'ai dit déjà : je suis disposé à renoncer à une carrière

qui me plaît et où j'ai l'espoir de réussir, pour me fixer auprès de vous et vous aider à rétablir vos affaires ; mais c'est à une condition : c'est que nous ne chercherons querelle à aucun de nos voisins, quels qu'ils soient et pour quelques motifs que ce soit, et que nous vivrons en bonne intelligence avec tout le monde, et surtout avec maître Goignot.

— Faudrait-il pas laisser tondre mon champ par les bêtes du vieux Crésus? s'écria Mazé avec emportement, me laisser ruiner?...

— Vous ne serez pas ruiné pour quelques épis de blé, répliqua Maurice. Maître Goignot n'aime pas les procès, lui ; il sait qu'on y perd toujours plus qu'on n'y gagne, surtout quand il s'agit d'une bagatelle, comme aujourd'hui. Mais il est entêté aussi, et une fois parti, il n'est pas facile de l'arrêter : vous l'avez bien vu pour ce malheureux chemin. Si notre voisin vous a fait du tort, il ne demandera pas mieux que de le réparer à l'amiable : j'en suis certain.

— L'assignation est probablement partie à cette heure, répondit Mazé, qui voyait le vif mécontentement de son fils et qui ne voulait pas cependant revenir sur sa résolution.

— Qu'elle soit partie ou non, il faut l'arrêter, dit Maurice d'un ton toujours respectueux, mais toujours décidé.

— Puis-je reculer maintenant? On croirait que j'ai peur. D'ailleurs qui payerait les frais?

— Nous, mon père.

— Je n'ai point d'argent.

— J'en ai assez pour cela, dit Maurice. Quand avez-vous donné l'ordre d'assigner?

— Ce matin, avant d'aller à la gare.

— Oh! alors il est à croire que l'assignation n'est pas encore lancée, s'écria Maurice. Écrivez un mot à votre avocat et avant une heure il l'aura entre les mains.

— Non, répondit Mazé en se raidissant, ce qui est fait est

fait : j'ai donne l ordre, il sera exécuté. On me prendrait pour un homme sans caractère, pour une girouette.

— Mon père, il n'y a pas de déshonneur à reconnaître qu'on s'est trompé ou qu'on a cédé à un mouvement de mauvaise humeur et qu'on s'est trop hâté, répondit le jeune homme avec douceur.

— Avec tout autre que Goignot je ne refuserais pas; mais avec le vieux Crésus, non, mille fois non! » Et en disant cela Mazé enfonçait d'un grand coup de poing son chapeau sur sa tête.

Maurice pendant cette discussion avait montré le plus grand calme et le plus profond respect, mais sa patience était à bout. Il ne put se contenir davantage.

« Mon père, dit-il, je vous répète que je ne viens pas à Concheville pour embrasser vos querelles et me brouiller avec nos voisins. Je veux vivre en bonne intelligence avec tout le monde et surtout avec maître Goignot. Si donc votre résolution est bien prise de ne pas arrêter l'assignation, lancée ou non, allons à la maison, faites atteler la carriole et venez me reconduire à la gare : je retourne au régiment. »

La foudre fût tombée aux pieds de Mazé qu'il n'eût pas été plus surpris. Il avait cru jusqu'à ce moment que tout ce que lui avait dit son fils sur les conditions de son séjour à la ferme n'était que pour l'amener à accepter certaines réformes et certaines innovations. Ces innovations, d'ailleurs, il avait comme un vague pressentiment qu'elles étaient nécessaires. Mais à l'accent de son fils, à sa physionomie sérieuse et résolue, il comprit qu'il s'agissait d'une réforme générale dans l'administration de la ferme, de même que dans ses relations de voisinage. Il comprit de plus que, s'il s'y refusait, Maurice allait partir immédiatement du pays pour n'y plus revenir, l'abandonnant, lui et sa femme, à la ruine où ils couraient grand train.

Mazé était d'une nature à n'avoir aucun sentiment passionné, pas plus dans ses affections que dans ses affaires d'intérêt. Il ne faisait d'exception que pour Goignot. Encore, s'il se montrait si tracassier et si hostile envers lui, c'était plutôt par entêtement et par amour-propre que par un sentiment de haine véritable.

Il aimait son fils, mais à sa manière, et avait supporté très patiemment son absence. N'eussent été les fatigues de l'âge et les tracas de tête qu'il n'était plus en état de supporter, et n'eussent été ses affaires qu'il était grand temps d'améliorer, il eût continué de supporter son éloignement avec la même résignation.

La perspective que lui laissa entrevoir le départ de Maurice l'épouvanta : il capitula.

« Je veux bien arrêter l'assignation, répondit-il au bout d'un instant ; mais ce que j'en fais, c'est pour toi, et rien que pour toi. Je veux qu'on sache bien que je ne reviens jamais sur ce que j'ai résolu. Tu diras ce que tu voudras au père Crésus, mais je ne suis pour rien dans la reculade. »

Cette condition ne pouvait déplaire à Maurice. Elle le posait dès le jour de son arrivée aux yeux de son voisin comme un homme conciliant, qui ne demandait qu'à vivre en bonne intelligence avec lui.

« Je ne demande pas mieux, mon père, répondit-il, que de prendre tout sur moi et de faire savoir à maître Goignot que c'est moi qui vous ai supplié d'arrêter l'affaire. Vous n'avez plus qu'à me donner un mot pour votre avocat, et je vais le lui porter à l'instant.

— Déjà ? s'écria Mazé peu habitué à tant d'activité.

— Ne vaut-il pas mieux terminer l'affaire tout de suite, que d'attendre que Goignot ait reçu l'assignation ? Comme cela il ignorera que vous reculez, dit Maurice assez adroitement.

— Eh bien, allons, » reprit Mazé en se dirigeant vers la maison de son pas lourd et nonchalant.

Maurice trépignait d'impatience.

Quatre heures sonnaient quand il partit de la ferme dans la carriole qui l'avait amené. Heureusement encore que son père ne pensait pas à l'accompagner. Il lui en eût trop coûté d'aller retirer le soir un ordre qu'il avait donné le matin.

Maurice toucha ferme, mais, quelque diligence qu'il fît, il arriva trop tard. Le clerc de l'huissier chargé de signifier l'assignation était parti à cheval à trois heures. Au moment où Maurice entrait dans le cabinet de l'avocat, maître Goignot devait avoir en main l'assignation.

LE CLERC DE L'HUISSIER ÉTAIT PARTI A CHEVAL A TROIS HEURES.

L'avocat n'était pas content; mais l'ordre de Mazé, écrit sous la dictée de son fils, était impératif, et il fallait bien s'y conformer.

Maurice revint en toute hâte à Concheville, voulant mettre le plus tôt possible du baume sur la plaie en faisant savoir à Goignot que l'assignation ne comptait pas. Il eut la chance de rencontrer Jeannot sur la route.

« Tu vas aller de suite à Marencour, dit-il au goujat; tu diras à maître Goignot qu'il n'ait point à s'inquiéter de l'assignation, que c'est une erreur de mon père que je me suis empressé de réparer. Tu te rappelleras bien ?

— Oui, notre maître, » répondit Jeannot qui partit en courant.

Après avoir rencontré Mazé et son fils, Goignot était revenu chez lui en parlant naturellement de ses deux voisins à Marie, qui l'écoutait en silence. A plusieurs reprises il fit l'éloge de Maurice. Comme le père et la fille entraient dans la cour de la ferme par une barrière de côté, l'huissier entrait à cheval par la grande porte de la cour en face de la maison.

« Bon! murmura Goignot en changeant de couleur à l'aspect de l'officier ministériel, qu'il connaissait bien, qu'y a-t-il encore? »

Lorsqu'il apprit les motifs vraiment puérils de l'assignation, il éprouva une si violente colère, que sa fille en fut effrayée. Goignot ne se connaissait plus. Il était d'autant plus exaspéré qu'il avait fait un accueil cordial à Maurice juste au moment où l'huissier était en route pour lui apporter l'assignation. Il vit dans l'affabilité du jeune homme un acte de fausseté et de perfidie qui excita son indignation. Il s'emporta en injures et en menaces contre le père et contre le fils, les mettant tous deux dans le même sac, ajoutant qu'il avait dix motifs plus graves de faire des procès aux fermiers de Concheville qu'eux n'en avaient de lui en faire, et qu'avant trois ans il voulait les mettre tous sur la paille.

Marie était navrée. Bien qu'il lui parût étrange que Maurice eût donné cordialement la main à son père pendant que l'assignation était en route, il lui était bien difficile de se persuader qu'il n'en eût pas connaissance. Elle ne savait que dire ni que penser.

L'exaspération de Goignot ne se calma pas même après le départ de l'huissier. Il énuméra un par un tous ses griefs contre le fermier de Concheville, confondant derechef le père et le fils dans ses récriminations. Marie croyait fermement que Maurice était innocent; mais, n'ayant pas de preuves à donner, elle était consternée et gardait le silence.

C'est en ce moment que Jeannot apparut.

« Que viens-tu faire ici, toi? Viens-tu me narguer jusque chez moi? » lui cria le fermier d'un ton si menaçant, que le goujat s'arrêta tout interdit.

« Je viens vous dire, maître Goignot, de la part de maître Maurice, que c'est par erreur qu'on vous a donné la pièce.

— Qui t'envoie?

— Le fils Mazé.

— Son père est-il consentant?

— Ah! pour ça, je ne sais pas.

— Alors, c'est comme s'il n'y avait rien de fait. Tu diras à maître Mazé que je me moque de lui et de son assignation.

— Attends un peu, dit Marie à Jeannot qui faisait mine de s'en aller.

— Où maître Maurice t'a-t-il donné l'ordre de faire cette commission; était-il avec son père?

— Non. Il revenait de la ville avec la carriole.

— Ce n'est pas possible. Il n'y a pas deux heures que nous nous quittions au bout de la rabine, fit observer Goignot.

— Bien sûr, il revenait de la ville dans la carriole.

— Et qu'y était-il allé faire?

— Porter un papier de la part de son père. Il a dû même faire la route rondement, car le cheval était tout en sueur. »

Goignot réfléchit un moment. Ce brusque voyage à la ville expliquait fort bien le retrait de l'assignation. Après son entretien cordial avec Maurice, le père et le fils avaient dû changer de résolution.

« Eh bien, reprit-il en s'adressant à Jeannot, tu ne lui diras pas que je me moque de lui, mais que je me moque de ce qu'il fera. » Et il tourna le dos au goujat.

Sa fille ne put obtenir autre chose. Elle fit à la dérobée un signe au jeune garçon pour lui recommander de ne pas rapporter les paroles de son père, et Jeannot, qu'il l'eût comprise ou non, déguerpit plus vite qu'il n'était venu, tout ému de la dure réception qu'il venait de recevoir.

VI

MARIE GOIGNOT

Fille de cultivateurs, Marie Goignot avait eu le bon esprit de ne pas songer à changer de position. Ses parents étaient assez riches pourtant pour lui faire donner dans un pensionnat de la ville voisine ce qu'on est convenu d'appeler une belle éducation, lui faire apprendre la musique, et acquérir d'autres talents d'agrément. Ils n'en avaient pas eu la pensée, et quand des conseillers, comme il s'en trouve toujours, leur en avaient insinué quelque chose, leur disant d'en faire une *demoiselle* et qu'elle épouserait un avocat, un médecin, un notaire peut-être, Goignot s'était contenté de hausser les épaules en leur répondant :

« Je ne vois pas en quoi ma fille serait plus heureuse d'épouser une des personnes que vous dites. Si Dieu nous prête vie à ma femme et à moi, elle sera la femme d'un cultivateur, et je pense qu'elle sera mieux dans une belle ferme, au beau soleil de la campagne, avec la vue des champs toute la journée, que d'être enfermée une partie du jour dans une espèce de boîte avec un brin de soleil par-ci, un lambeau de verdure par-là et un air malsain toujours... »

Cependant à la longue, et comme ces insinuations se reproduisaient, le doute finit par se glisser dans l'esprit du fermier. Il parla à sa femme. Et là-dessus tous les deux résolurent de consulter leur fille unique, bien qu'elle n'eût pas encore quatorze ans.

Marie entra complètement dans leurs vues. Elle aimait la campagne et déclara qu'elle voulait y passer sa vie. Elle allait volontiers à la ville, n'y étant ni gauche, ni empruntée; mais elle revenait avec plaisir à la campagne, qui avait un charme irrésistible pour elle.

Grâce à son intelligence et aux bonnes leçons qu'elle avait reçues, elle était en état de tenir les livres de la ferme, et elle les tenait à merveille. Elle avait ouvert un compte pour chaque champ de Marencour, avec la dépense de la mise en culture, tant pour l'espèce et la quantité d'engrais employés que pour la main-d'œuvre et le prix des semences. Puis elle avait pris note exacte du rendement.

Elle avait obtenu de son père, qui s'y était d'ailleurs facilement prêté, avec cet esprit droit et pratique qui le caractérisait, que dépenses et rapports des pièces de terre de la ferme ne fussent pas confondus; on pouvait ainsi avoir les résultats détaillés de leur exploitation au premier coup d'œil jeté sur son registre.

D'abord maître Goignot ne s'était pas rendu bien compte de l'utilité de cette tenue de livres. Tout en se prêtant avec une extrême complaisance à ce qu'il regardait comme un caprice de sa fille, il trouvait qu'elle se donnait bien du mal pour rien. Mais un jour qu'il eut besoin de connaître le rendement d'une grande pièce de terre, à propos de plusieurs récoltes qu'il y avait faites, Marie lui donna, au vu *de son registre*, des renseignements si exacts et si précis, au double point de vue de la dépense et de la recette, que le brave fermier en fut tout émerveillé.

Depuis ce jour rien n'entrait à la ferme qui ne fût pris en compte, rien n'en sortait qui ne fût porté en décharge. Chaque champ avait son compte particulier par Doit et Avoir, comme un commerçant avec lequel on est en relations d'affaires. C'était une véritable tenue de livres, non pas savante et méthodique comme celle d'un négociant, mais très claire et très facile à comprendre.

Marie ne s'en tenait pas là. Dans les grands jours de l'été les travaux de la campagne se prolongent tard le soir, et après le repas il était temps d'aller se coucher. Après avoir mis *ses écritures* au courant, Marie faisait comme les autres. Parfois cependant, quand son père n'était pas trop fatigué, elle lui lisait un journal que la laitière rapportait de la ville et auquel il était abonné de seconde main. Goignot ne se passionnait pas pour la politique, mais il aimait à se tenir au courant des affaires de son pays. Il n'y a que les hommes ignorants, ou peu intelligents, ou égoïstes qui s'en désintéressent, et il n'était pas de ceux-là.

Mais lorsque l'hiver était venu, que les veillées étaient longues et que le personnel de la ferme se trouvait rassemblé dans la grande pièce où l'on faisait la cuisine et où l'on mangeait, pendant que les femmes filaient, cardaient la laine ou s'occupaient de raccommodages et autres travaux d'aiguille, que les hommes réparaient des paniers ou s'occupaient d'ouvrages qu'on peut faire assis et sans trop de bruit, Marie faisait la lecture, et c'était une bonne fortune pour tout le monde que cette lecture du soir.

L'institutrice lui indiquait des livres amusants, instructifs et moraux en même temps et même lui en prêtait.

Lorsque Marie faisait la lecture, on eût entendu une souris trotter, et lorsqu'elle fermait son livre pour envoyer les gens se coucher, quelques voix bien douces et bien timides murmuraient :

« Encore un peu, mamzelle Marie. »

Mais elle était inflexible : le livre fermé, elle ne le rouvrait jamais. Du reste la lecture ne durait que quarante minutes au plus et ne commençait que quand tout le personnel était réuni.

On ne parlait plus de son mariage. Le beau Jarnet était toujours celui qu'on croyait son futur époux, bien que les relations entre Marencour et Glagny fussent de moins en moins fréquentes. Aussi plusieurs jeunes gens, qui auraient été trop heureux d'épouser la fille unique du riche Goignot, se tenaient à l'écart, n'osant lutter avec le plus gros cultivateur du pays.

Pierre Jarnet attendait sans impatience le moment où il se sentirait tout à fait décidé, bien persuadé d'ailleurs qu'il n'avait qu'à parler.

Après le départ de Jeannot, Goignot avait eu une nouvelle explosion de colère indignée que Marie avait eu beaucoup de peine à calmer. Il fallut que sa fille lui démontrât de nouveau que, bien loin d'être pour quelque chose dans l'assignation lancée précisément le jour de son arrivée à Concheville, Maurice au contraire l'avait arrêtée, ainsi que le prouvaient les déclarations de Jeannot. Goignot parut se rendre, mais il n'en conserva pas moins dans son esprit une mauvaise impression.

Cependant Maurice attendait le retour du goujat avec impatience. Le jeune gars lui raconta mot pour mot ce qui avait été dit, sans passer sous silence l'intervention de Marie.

Plusieurs jours se passèrent à Concheville en discussions et en luttes entre Mazé et sa femme d'une part, et Maurice de l'autre, tant au sujet de la vente de la Chesnaie que de certains travaux que Maurice voulait entreprendre tout de suite. Relativement aux travaux Mazé n'était pas éloigné de céder; mais, comme il l'avait prévu, Onésime ne voulait pas entendre parler de la vente du champ.

Maurice savait très bien que c'était le morceau le plus dur à emporter, mais il savait aussi que le judicieux emploi de l'argent qu'on en retirerait était le seul moyen d'échapper à la ruine. A ce sujet point de transaction ni de demi-mesure, et surtout pas de nouvel empruut.

Tout d'abord il n'avait pas trop pressé sa mère. Lorsqu'il la priait avec plus d'insistance, elle répondait :

« Je suis bien malade, ne me tourmente pas. Qui presse donc tant? Je ne dis pas non, seulement nous en parlerons plus tard. »

C'était sa manière d'endormir son fils, ou du moins de lui faire prendre patience. Mais quand la patience de Maurice fut

à bout et qu'il parla sérieusement de quitter Concheville, Onésime, après avoir longtemps hésité entre son fils d'une part et
son champ de l'autre, finit par céder en gémissant et en ca-
chant sa figure dans son tablier. Les jours suivants elle ne
prononça pas vingt paroles. Elle paraissait écrasée par un
immense malheur, mais ne soufflait mot ni de la Chesnaie ni
de la vente.

Il faut battre le fer pendant qu'il est chaud, dit le proverbe.
Maurice obtint de son père de se rendre le lendemain chez le
notaire. L'époque de la vente fut fixée un peu avant la moisson,
c'est-à-dire vers le 15 juillet. Des affiches furent envoyées
dans les principales communes des environs, et Maurice contracta près du notaire un emprunt de 1000 francs rembour-
sables sur le premier payement.

Le jour même il quitta l'uniforme, non sans regrets, pour
reprendre les vêtements civils. Ce fut avec une blouse de cultivateur et un chapeau de feutre rond qu'il rentra à Concheville.

Le bruit se répandit bien vite que Mazé vendait la Chesnaie. On
ne connaissait pas bien l'état de ses affaires ; mais à juger d'a-
près le triste aspect de la ferme, des récoltes et du bétail, elles
ne devaient pas être prospères. La vente coïncidant avec le retour de Maurice fit faire bien des commentaires, faux pour la
plupart.

La Chesnaie n'était point un mauvais champ, mais, comme
toutes les terres que cultivait Mazé, il avait été négligé et très
appauvri par des cultures surmenées. Un bon assolement et
un profond labour pouvaient en peu de temps le remettre en
état. Les bons cultivateurs le savaient bien, et les riches, ceux qui
achetaient de la terre, pensant qu'il ne serait pas vendu cher
songèrent à faire un bon marché. Maître Goignot fut de ce
nombre et fit part à Marie de son intention. Marie mit une certaine insistance à l'en détourner et fit valoir pour le dissuader
des raisons dont aucune n'était la vraie : tout fut inutile. Elle

vint se heurter contre une volonté qu'elle ne put fléchir.

« Tu ne comprends rien aux bonnes affaires, lui répondit son père. J'ai de l'argent à placer ; je ne trouverai jamais un meilleur placement. »

Marie n'insista pas davantage.

A Concheville, dès le lundi suivant, six ouvriers étaient occupés à ouvrir une large tranchée longitudinale à quelques mètres en arrière des écuries et des étables. En même temps des tombereaux y apportaient des matériaux de maçonnerie.

DES TOMBEREAUX APPORTAIENT DES MATÉRIAUX.

L'avant-veille Maurice était allé voir le notaire auquel était confiée la gestion de la ferme. Il lui avait fait part de ses plans et de la résolution de son père d'employer une somme importante à l'amélioration des terres. Il lui demanda ensuite de faire des réparations tout à fait indispensables, tant à la maison d'habitation qu'aux bâtiments d'exploitation, et de coopérer dans une bonne proportion aux travaux d'amélioration qu'il se proposait d'exécuter.

Le notaire n'avait jamais été importuné par Mazé, qui apportait la même insouciance en toutes choses, même quand son

SEIGLE.

intérêt était en jeu. Il se montra donc de bonne composition.
Toutefois avant de rien promettre il voulut en référer au propriétaire. La réponse ne se fit pas attendre : il donnait carte
blanche au notaire.

En conséquence, le propriétaire prenait à sa charge la *fosse à
purin*, cette tranchée déjà entamée par Maurice, l'assèchement
et le remblai d'une dépression de terrain assez étendue au
nord de la maison, le creusement d'une rigole profonde pour
l'écoulement des eaux provenant des pluies d'automne et d'hiver, qui transformaient tout un côté de la ferme en un véritable marais. C'est de là qu'au retour de la belle saison s'é-
chappaient des miasmes qui donnaient la fièvre paludéenne, la
plus tenace des fièvres indigènes, ou tout au moins altéraient
la santé des habitants de Concheville.

Cette rigole, qui longerait la cour, devait être recouverte
d'un pont assez large pour donner passage à une voiture attelée de deux chevaux de front et chargée de paille ou de foin.
A cet endroit même existait de temps immémorial une véritable
fondrière de boue infecte qu'il fallait traverser pour entrer dans
la cour et où une charrette à moitié chargée seulement restait
souvent embourbée, malgré les fascines qu'on y jetait pour en
affermir un peu le fond.

Enfin le propriétaire consentait à payer la moitié de la réparation des toitures de chaume, qui était à la charge du fermier et que Mazé avait complètement négligée depuis qu'il
était à Concheville.

Maurice obtint encore d'autres concessions, par exemple les
murs de la maison d'habitation seraient recrépis et blanchis
tant à l'intérieur qu'à l'extérieur et les plafonds seraient lavés
et peints en blanc à la colle. Il eut en outre la permission de
prendre sur la ferme le bois nécessaire à la construction d'un
vaste hangar-abri sur tel point de la ferme qu'il jugerait convenable, et le notaire lui promit formellement d'élever dans
la cour un autre hangar pour les instruments aratoires, lors-

que les travaux les plus urgents seraient terminés. De plus il fut autorisé à donner à la cour une forme régulière autant que les constructions le permettaient.

Maurice revint à Concheville tout joyeux. Le notaire lui avait remis un écrit où tout cela était relaté de sa main.

C'était un homme éclairé que ce notaire : il comprenait parfaitement que l'agriculture est une industrie comme une autre, la première de toutes, et que l'argent qu'on y met, quand il est employé judicieusement, est bien plus productif que lorsqu'on le garde à dormir. Il avait deviné dans le fils Mazé un jeune cultivateur intelligent, qui avait le feu sacré de l'agriculture, et, chose qui l'avait beaucoup surpris, plus instruit dans cette spécialité que les cultivateurs du pays ; il avait fait cette découverte en causant avec lui. Voilà pourquoi il s'était si volontiers chargé de dépenses considérables, afin de seconder ses efforts et ses louables intentions. Il lui fournit même toutes les graines nécessaires à l'ensemencement : blé, orge, avoine, etc.

Après avoir lu l'écrit du notaire, son père avait encore peine à croire qu'il eût obtenu tant de choses : il pensait rêver. Depuis qu'il était à Concheville, il n'avait jamais osé demander quoi que ce fût. Se trouvant en retard d'un terme dès la première année, il craignait qu'on ne le trouvât importun et qu'on ne se montrât exigeant pour lui fermer la bouche. S'il avait osé faire une démarche, c'eût été pour demander une diminution de fermage. Aussi manifesta-t-il sincèrement sa joie à son fils.

Il en fut tout autrement d'Onésime. Elle rechigna, se plaignit quand elle apprit que ses habitudes allaient être dérangées. Elle alla jusqu'à dire que, malade comme elle l'était, il valait mieux la laisser mourir en paix que de venir la tracasser, que si c'était le premier résultat de la vente de la Chesnaie, mieux vaudrait la garder... et bien d'autres raisons de même force.

Maurice l'assura que rien ne serait changé dans ses habitudes ni dans sa vie, si ce n'est que la fièvre disparaîtrait et que la santé lui reviendrait après que la ferme serait assainie.

ORGE.

Sa mère hocha la tête d'un air qui voulait dire qu'elle n'en croyait rien.

Avant le commencement de la moisson, la fosse à purin était achevée et remplie de l'épaisse couche de paille en décomposition qui couvrait le sol de la cour. Le sol de la cour avait été exhaussé et nivelé. La terre bien battue présentait une aire ferme légèrement en pente, où l'eau pluviale, sans y pénétrer, coulait jusqu'à la rigole.

L'écurie et les étables avaient été curées et nettoyées com-

FOSSE A PURIN.

plètement. Le fumier infect qui en avait été retiré avait été mis en tas à une bonne distance des bâtiments en attendant qu'on en eût besoin. Ce déblaiement avait fait apparaître un pavé incliné dont Mazé ignorait absolument l'existence. Une petite rigole que Maurice fit creuser recueillit les déjections liquides des bestiaux et les porta dans la fosse à purin.

La ferme manquait de paille pour litière ; Maurice s'en procura en faisant couper une masse d'herbes et de fougères qui encombraient une champagne demeurée stérile faute de fumure. Deux jours de soleil suffirent pour enlever aux herbes un reste de verdure et d'humidité. On trouva là une certaine quantité de litière, qui malgré son insuffisance permettait d'attendre les premières pailles. L'idée vint à Maurice de couvrir le sol des étables et écuries d'une couche de terre friable et spongieuse de dix à douze centimètres d'épaisseur, ce qui permettait d'économiser sur l'épaisseur de la litière. Tous les deux ou trois jours il faisait remplacer cette terre imprégnée de dé-

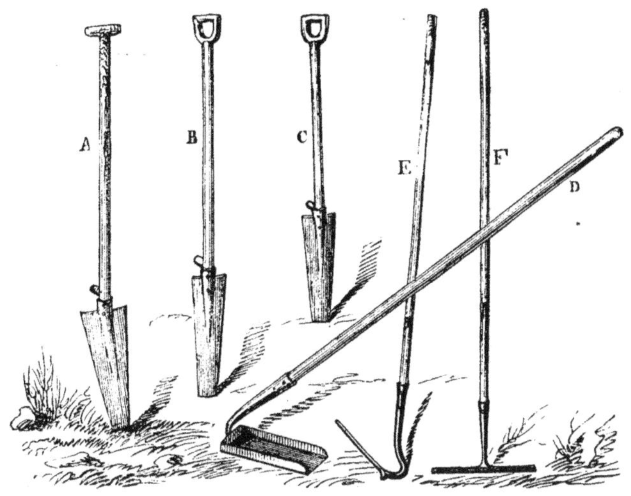

OUTILS DE DRAINAGE.

jections liquides et la faisait mettre en tas sous un hangar construit provisoirement.

Non seulement la litière coûtait moins cher, mais encore elle durait plus longtemps, car il suffisait de la secouer avec une fourche pour en séparer les parties bonnes seulement à être portées dans la fosse à purin.

Dès les premiers jours le résultat fut apparent : les bestiaux, qu'on ne pouvait ramener des champs le soir et qui répugnaient à entrer dans leurs logements infects, se pressaient aux portes après avoir fait la route en trottant joyeusement. Ils avaient un air d'entrain et de bonne santé qu'ils n'avaient pas auparavant. Comme ils couchaient sur une litière sèche et propre au lieu de s'étendre sur un fumier nauséabond, leur robe était nette et leur poil lisse et luisant.

Cependant l'espèce de marais qui se trouvait au nord de la ferme était toujours dans le même état. Maurice se demadait où il ferait aboutir la tranchée destinée à l'écoulement de l'eau

L'ESPÈCE DE MARAIS QUI SE TROUVAIT AU NORD.

qui le noyait et qui affleurait même, en hiver, là où le sol était un peu plus élevé. A deux cents mètres à l'est de la ferme il y avait un terrain d'un arpent environ, d'un mètre en contre-bas des terres qui l'entouraient. Ce n'était pas un marais, car le sol en était bon et ferme, mais il était néanmoins très humide et ne produisait que des ronces et des mauvaises herbes. Maurice le fit creuser et y conduisit la rigole d'écoulement. La terre

qu'on en retira servit à remblayer le marais. Il faisait ainsi
d'une pierre deux coups. Mais ce travail nécessita une certaine
dépense qui ne devait pas rester improductive.

Maurice avait fait son calcul. Tout en remblayant un marais
pestilentiel et en le rendant à la culture pour en faire un potager (Concheville n'avait point de potager), il avait l'intention
de planter une oseraie dans le terrain creusé pour recevoir les
eaux d'écoulement. L'oseraie serait d'un excellent rapport et
ne présenterait pas les mêmes inconvénients qu'un étang ou
une mare croupissante au point de vue de la salubrité.

Entre temps le notaire exécutait les promesses qu'il avait faites.

A peine la cour avait-elle été débarrassée de son fumier et
nivelée, à peine la terre en avait-elle été battue, que les ouvriers s'emparèrent de la maison d'habitation. Le notaire était
venu à la ferme et il avait reconnu que la couverture en chaume
était à refaire en entier. Dès lors il s'était décidé pour une toiture en ardoise, qui ne devait pas entraîner grande dépense de
plus et offrirait bien moins de dangers, par rapport aux in-
cendies.

Pendant que les maçons réparaient et crépissaient les murs,
les charpentiers préparaient la charpente sur les lieux mêmes,
la cour remise en état leur offrant un excellent chantier; seulement, l'ardoise étant rare et par suite fort chère, on avait pris
à la place d'excellentes tuiles rouges fort légères, fabriquées
dans le pays.

La vieille charpente de poutres de chêne massives ayant
paru trop lourde et de plus se trouvant en fort mauvais état,
le notaire avait décidé de la remplacer par une autre en sapin
du nord ; il y en avait justement un dépôt à la ville voisine.

Maurice avait décidément quitté le service. — Il semblait
avoir fait passer une partie de son activité dans l'esprit de tout
le monde. Tout marchait à l'unisson. On se hâtait, car les blés
mûrissaient à vue d'œil et on voulait avoir fini les travaux les
plus urgents avant la moisson.

Entre le marais remblayé et la maison se trouvait un espace encombré de ronces, de vieilles souches d'arbres ou d'arbustes rabougris. Maurice s'était réservé cette partie du travail de défrichement. A la tête de quatre vigoureux jeunes gens il avait mis la main à l'œuvre, et le défoncement de la terre et l'extraction des souches et racines étaient menés rondement. La terre lui parut préférable à celle du marais. Il changea d'idée et résolut d'en faire le jardin potager et de réserver le marais pour une pépinière; justement on manquait de pépinières dans le pays.

Mazé et sa femme n'avaient jamais vu un pareil remue-ménage depuis qu'ils existaient. La dernière en était comme ahurie. Elle regardait avec une sorte d'effarement ces allées et venues d'hommes affairés, ce mouvement bourdonnant qui faisait ressembler la ferme à une immense ruche en activité.

Les travailleurs apportaient leurs vivres; mais dans les arrangements il avait été convenu que le fermier leur donnerait à chacun un pot de cidre par jour. Mazé, qui avait à peu près abdiqué toute autorité et toute volonté entre les mains de son fils, et qui ne se permettait d'observation que le soir après le travail fini et quand tout le monde était parti, s'était réservé la distribution du cidre. Il y apportait beaucoup de zèle et une régularité ponctuelle. Cela l'occupait assez pour qu'il se tînt tranquille, et c'était tout ce que désirait Maurice.

Onésime était plus muette qu'une carpe. Quand elle voyait son mari faire sa distribution de cidre et aller et venir ses brocs à la main, elle levait les yeux au ciel et protestait par de profonds soupirs contre cette dilapidation de leurs provisions. Soit parce que son esprit était occupé, soit parce que l'air était déjà plus sain depuis que les abords de la maison se dégageaient et se séchaient, depuis surtout que la cour avait été débarrassée de sa paille pourrissante, ses accès de fièvre paraissaient moins violents. Elle se traînait cependant de-ci de-là, s'appuyant sur un bâton, regardant et ne disant mot à personne.

Abandonnant la pièce principale de la maison devenue trop bruyante pour elle, elle avait trouvé un refuge dans une chambre beaucoup plus petite où on avait entassé les meubles dérangés pour faire les réparations et où elle avait fait dresser son lit. Elle s'était ménagé auprès de la fenêtre un espace de quatre pieds carrés, juste la place d'une chaise. Assise là toute la journée quand elle n'était pas au lit avec la fièvre ou que l'accès n'était pas trop fort, elle ruminait dans son esprit un gros projet.

La mère de Maurice complotait avec le berger Goru de consulter Galoupet, le rebouteux, qui devait la débarrasser de sa fièvre : il l'avait promis. Mais pour cela il fallait trouver une maison où l'entrevue pût avoir lieu, car on ne pouvait pas songer à l'appeler à Concheville.

Cette occasion, la vente de la Chesnaie devait la lui offrir avant peu. Onésime patientait et Goru, son confident, l'y encourageait.

La maison réparée et restaurée tant à l'extérieur qu'à l'intérieur et la toiture terminée montrant sa gaie couleur rouge à travers le feuillage, les ouvriers s'attaquèrent aux bâtiments d’exploitation, qui devaient, à leur tour, être remis en bon état.

Bien que les réparations fussent à peine à moitié terminées, ce qui était fait donnait déjà à la ferme un air de vie et de gaîté qu’elle était loin d’avoir six semaines auparavant. Les voisins de Mazé suivaient cette transformation avec un vif intérêt; mais celui qui s’y intéressait le plus était assurément maître Goignot.

Depuis le retrait de l’assignation il avait rendu son amitié et son estime au fils de son voisin.

« A la bonne heure, disait-il à sa fille, un jour que la conversation était tombée sur les travaux entrepris à Concheville et sur l’activité de Maurice, à la bonne heure, voilà un homme. Ah! si Mazé avait eu seulement la moitié de l’énergie de son fils, il ne serait pas forcé de vendre la Chesnaie.

— Êtes-vous toujours dans l’intention de l’acheter, mon père? demanda Marie.

— J’en ai bien envie.

— Ne craignez-vous pas que Mazé ne prenne mal la chose? ajouta-t-elle avec un certain embarras.

— Cela m’est bien égal.

— C’est que si nous devons rester voisins longtemps encore, comme c’est probable, ce sera bien ennuyeux d’être toujours en querelle.

— Eh bien... s’il fallait avoir de ces considérations-là, on n’achèterait jamais rien. D’ailleurs je suis bien sûr que le fils Mazé ne m’en voudra pas d’acheter le champ de son père. Moi ou un autre, qu’est-ce que cela peut lui faire? Au contraire, plus il y aura de concurrents, plus son champ sera vendu cher. »

Il se tut un instant, puis il reprit.

« Après tout, la Chesnaie ou un autre bien, peu m’importe, et pourtant cette terre-là est à ma convenance; mais comme je ne veux point blesser Maurice, je lui en parlerai à notre première rencontre. »

La figure de Marie prit une expression de contentement.

Cependant une chose bien secondaire en elle-même inquiétait Maurice. La provision de cidre de Concheville, qui n'était pas bien considérable, tirait à sa fin et il ne savait où en prendre. Il s'était renseigné à ce sujet, et on lui avait répondu que l'année précédente n'ayant donné qu'une demi-récolte de pommes, on avait dans le pays à peine de quoi atteindre la nouvelle. Il fallait pour en trouver aller à plusieurs lieues, à Grandbourg, commune plus favorisée sous ce rapport.

Toutefois maître Goignot avait encore ses celliers assez bien garnis. Il avait un certain nombre de gros fûts de cidre qu'il ne se pressait pas de vendre, car la moisson approchait, et on sait qu'à ce moment la consommation double et que par conséquent les prix augmentent.

Maurice savait bien que Goignot avait du cidre, mais jamais il n'aurait osé s'adresser à lui pour en acheter; Goignot était obligeant et n'aurait pas de fait de difficultés, mais Maurice aurait été forcé de batailler avec son père et il était las de se quereller avec lui tous les jours. Il songeait donc à se rendre à Grandbourg, lorsqu'un matin il rencontra le fermier de Marencour inopinément, sur un point limitrophe des deux terres et d'où Goignot pouvait voir ce qui se faisait à Concheville.

Ils ne s'étaient pas parlé depuis le jour de la fameuse assignation. Maurice fut quelque peu intimidé en voyant Goignot, mais l'autre s'avança tranquillement et lui tendit la main.

« Eh bien, on travaille ferme chez toi, à ce que je vois, dit-il.

— Mais oui, maître Goignot, nous sommes très occupés.

— Et c'est toi qui as obtenu tout cela du propriétaire? Il y a longtemps qu'à la place de ton père j'aurais agi comme tu l'as fait. — La maison est recrépie et blanchie; elle est recouverte à neuf et en tuile; les bâtiments sont en bonne voie de réparation et tout cela va rondement, d'après ce que je vois... de loin. C'est bien, mon garçon; mais il était temps que tu re-

vinsses au pays. — On m'a dit aussi que tu voulais donner aux
eaux de l'écoulement dans le terrain d'à-bas.

— On y travaille, maître Goignot.

— Tu as l'intention d'y faire une oseraie?

— A moins d'y faire un étang, je ne vois pas trop à quel
autre usage il pourrait servir.

— Tu as raison, Maurice; une oseraie sera d'un plus grand
rapport et plus saine qu'un étang, qu'il faudrait curer souvent.
Concheville avait besoin d'être assaini. Le terrain est bas et
trop couvert. Quand viennent les premières chaleurs, les va-
peurs de la terre donnent des fièvres, et je suis sûr que celle
dont ta mère ne peut se débarrasser n'a pas d'autre cause; à
propos, j'ai ouï dire que ta provision de cidre est bientôt à
bout, par suite de la présence de tout ce monde qu'il faut
abreuver.

— On vous a dit la vérité, maître Goignot, et il va bien fal-
loir que j'aille à Grandbourg la semaine prochaine.

— Pas besoin d'aller si loin, mon garçon, répondit Goignot,
j'ai dans mon cellier trois fûts de quatre cents pots chacun, je
les mets à ta disposition au prix courant : le cidre est *cœuru* et
agréable.

— Merci, maître Goignot; j'accepte avec bien du plaisir.
Vous m'ôtez là un fameux souci de l'esprit, car je n'étais pas
assuré de trouver à Grandbourg ce qu'il me faut.

— Eh! bien, c'est convenu. Faudra-t-il livrer les fûts à Concheville ou viendras-tu les prendre : c'est toujours le même
prix.

— Je vous rendrai réponse demain, répondit Maurice.

— A propos, dit encore Goignot au moment de s'éloigner, la
Chesnaie est à vendre.

— Oui, maître Goignot, répondit le jeune homme en rougis-
sant.

— J'ai bien envie de l'acheter; mais le père Mazé est si drôle,
que j'ai peur qu'il ne m'en veuille pour cela, reprit le fermier.

Il est capable de croire que je ne fais l'affaire que pour le vexer.

— J'espère que mon père ne se fâchera pas d'une chose toute à son avantage, répondit Maurice, qui n'était cependant pas très sûr de son fait. Du reste, maître Goignot, à votre place j'achèterais la Chesnaie si c'était à ma convenance, sans me préoccuper de ce que peuvent dire ou penser les autres.

— Ma foi ! je suivrai ton conseil, Maurice. Après tout il n'est pas dit que le champ me restera. »

En rentrant à Concheville, Maurice s'empressa de rapporter à son père l'entretien qu'il venait d'avoir avec le fermier de Marencour. Mazé fut très surpris d'apprendre que Goignot avait offert spontanément son cidre.

« C'est un tour qu'il veut nous jouer, dit-il avec sa défiance habituelle. Il va se débarrasser de vieux tonneaux de cidre filant dont il ne sait que faire. Il faudra bien le goûter avant de l'acheter et en prendre des échantillons.

— Demain, si vous voulez, mon père, nous irons ensemble à Marencour, répondit Maurice.

— Moi, aller chez le père Crésus, jamais ! s'écria Mazé avec indignation ; j'aimerais mieux courir à Grandbourg ou au diable. Il serait dans le cas de croire que c'est pour me raccommoder avec lui. Tu iras seul, et surtout ne te fais pas attraper.

— Volontiers, mon père, dit le jeune homme enchanté de cette résolution. La présence de son père à Marencour aurait pu gâter le commencement de ses bonnes relations.

— Tu iras avec le harnais, et l'enlèvement des fûts se fera sans désemparer. Goignot serait capable de fourrer de l'eau dans le cidre une fois le choix fait.

— Je ne l'en crois pas capable, dit Maurice, et puisque nous parlons de lui, je vous assure, mon père, que Goignot n'a pas la moindre inimitié contre vous.

— Bon, bon, j'ai mes idées là-dessus, répondit Mazé, et tu ne me les feras pas changer. »

L'affaire du cidre s'était heureusement terminée, Maurice

fut moins heureux lorsqu'il vint à parler de ce que lui avait dit Goignot au sujet de la Chesnaie. Mazé eut un accès de colère tel, que son fils craignit un moment de voir tout remis en question, non seulement la vente du champ, mais l'achat du cidre et même l'assignation.

Maurice le laissa exhaler en paroles de colère et de menaces le sentiment que soulevait dans son esprit la pensée de voir la Chesnaie passer aux mains de l'homme qu'il détestait le plus au monde. Puis avec douceur et fermeté, patiemment, il le fit revenir graduellement à plus de justice et de sang-froid. Enfin, avec une habileté de diplomate, il parvint à le convaincre que Goignot était trop l'ami de ses intérêts pour acheter cher un champ dont il n'avait pas besoin, et cela simplement pour le vexer; du moment qu'il était un acquéreur sérieux, c'était un concurrent, et la vente n'en pourrait être que plus avantageuse. D'ailleurs Goignot était dans le droit commun, nul ne pouvait l'empêcher d'acheter la Chesnaie s'il y mettait le prix le plus élevé, à l'adjudication.

Mazé parut se laisser convaincre; du moins quand il quitta Maurice il n'était plus si animé. Il n'avait peut-être pas une meilleure opinion sur le compte de son voisin; mais enfin il ne l'invectivait plus. Le lendemain eut lieu la livraison du cidre, qui se trouva excellent; Mazé lui-même fut obligé d'en convenir.

V

A Concheville les travaux marchaient toujours avec une célérité extraordinaire. Le marais au nord de la maison était drainé et comblé. Le terrain intermédiaire avait été défoncé et débarrassé de ses broussailles, souches et racines d'arbres abattus. Il avait aussi été drainé. Divisé en carrés réguliers par des allées d'une largeur suffisante pour permettre une circulation facile, il avait une superficie de près d'un demi-hectare. Un fossé d'un mètre cinquante de profondeur et un talus destiné à être surmonté d'une haie d'épine offrait d'une part un magasin ou réservoir pour l'excès de l'eau et de l'autre une protection efficace contre l'invasion des bestiaux. Bien entendu la haie n'était point plantée encore. Elle ne devait l'être au plus tôt qu'en novembre.

Il en était de même pour le jardin, que la saison ne permettait pas encore de mettre en culture et de garnir d'arbres à fruits. Mais la terre avait été rendue tout à fait meuble et n'avait plus besoin que d'une main-d'œuvre insignifiante et de fumure pour les semis et le piquage des légumes à transplanter.

De même l'oseraie était terminée et n'attendait plus que le plant, après les premières pluies d'automne. La tranchée et le pont étaient achevés, et à la quantité d'eau qui s'écoulait vers l'oseraie, on pouvait juger combien ce travail était nécessaire.

On accédait maintenant dans la cour avec la plus grande faci-

lité, et le pont, qui avait été éprouvé par le passage trois fois ré-
pété d'une lourde charrette portant un tonneau de mille litres
de cidre, n'avait pas fléchi d'une ligne. Six semaines auparavant il aurait fallu un renfort de quatre chevaux pour
amener la charrette et le fût dans la cour, à travers la fondrière.

Au jour de la vente de la Chesnaie les travaux de la ferme
étaient très avancés, en ce qui concerne la réparation des bâtiments. Maurice trouvait les abords de la ferme encore trop
couverts de bois de haute futaie, qui ont l'inconvénient de garder l'humidité sans être un abri bien efficace contre la chaleur
en été et le froid en hiver. Il avait été convenu avec le notaire
qu'on les abattrait avant les semailles pour n'avoir pas à fouler
les champs ensemencés. Le notaire comptait même sur le produit de la vente des arbres abattus pour payer la plus forte
partie des dépences qu'il s'était engagé à supporter.

Les mille francs que Mazé avait touchés étaient absorbés depuis longtemps ; mais le notaire leur avait encore avancé à lui et
à son fils quelque argent pour ne pas laisser en suspens les
travaux et améliorations commencés. Cependant il était temps
que la vente de la Chesnaie eût lieu, pour que le premier verse-
ment permît à Maurice de travailler et de fumer ses terres et
de les employer comme il voulait.

L'argent, en agriculture comme en toute chose, est le grand
ressort, lorsqu'il est sagement et prudemment employé. Maurice
voulait hardiment fumer la terre, et bien qu'il veillât avec une
extrême vigilance à ce que rien de ce qui pouvait faire de l'engrais ne fût perdu à la ferme, il était loin d'avoir la quantité de
fumier nécessaire à une terre épuisée. Il fallait donc aliéner
une assez forte somme pour acheter ce qui lui manquait.

Depuis quelque temps Goru avait des entretiens secrets avec
madame Mazé. Le vieux berger avait pénétré plusieurs fois, à
l'insu de Mazé et de son fils, dans la pièce où elle s'était re-
tranchée pendant les réparations de la ferme. Lorsqu'il sor-

tait de cette chambre Goru avait un air d'importance et de mystère tout à fait risible.

La Javotte seule avait connaissance de ces entrevues, qu'elle avait facilitées du reste en jurant de les tenir secrètes. A la suite de ses entrevues avec Onésime, Goru trouvait toujours un prétexte pour aller au bourg. A son retour il rendait compte à la fermière, toujours avec le même mystère, de ce qu'il y avait fait.

Un jour Maurice, qui était allé à la ville dans sa carriole, en ramena un monsieur d'une quarantaine d'années. C'était un médecin. Sa mère n'avait jamais voulu consulter le médecin pour sa fièvre, et quand son mari lui avait proposé de faire appeler un homme de l'art, elle avait répondu par un refus formel.

Et elle avait continué de trembler la fièvre avec une résignation qui aurait pu paraître héroïque si elle n'eût été stupide.

Précisément ce jour-là Onésime attendait son accès de fièvre. Elle commençait déjà à trembler, assise et repliée sur elle-même, enveloppée dans sa mante, les pieds sur sa chaufferette. Maurice entra en ce moment suivi du médecin. Onésime, en voyant cet inconnu, resta muette à le considérer, le regard morne et la bouche entr'ouverte.

Le médecin, prévenu par Maurice, ne se fit pas connaître d'abord. Il s'approcha silencieusement, la regarda dans les yeux, lui tâta le pouls et consulta sa montre, Onésime le laissa faire sans paraître comprendre. L'effroi se peignait peu à peu sur sa figure.

« Ma mère, c'est le médecin, » dit enfin Maurice.

Onésime retira brusquement sa main, se recula et jeta sa mante par-dessus sa tête.

Le médecin ne put réprimer un mouvement de pitié.

« Madame, lui dit-il, vous avez une fièvre qui vous emportera si vous ne vous soignez pas. Je vais vous ordonner des remèdes qui vous sauveront, si vous les prenez. Si vous n'en faites rien vous êtes une femme morte, » et il la laissa atterrée.

Le médecin prescrivit un régime assez simple et fit une ordonnance. Maurice le reconduisit dans sa carriole et rapporta les remèdes. Le difficile était de les faire prendre à sa mère, et il craignait fort de ne pouvoir y réussir. Mais il n'éprouva pas les difficultés auxquelles il s'attendait. Onésime avait été tellement effrayée de ce que lui avait dit le médecin et du ton dont il le lui avait dit, qu'elle ne fit aucune résistance et se conforma ponctuellement à ses prescriptions.

Le jour suivant avait lieu l'adjudication de la Chesnaie. Mazé se leva aussi triste que s'il lui était arrivé subitement un grand malheur. Il n'avait presque pas fermé l'œil de la nuit. Il était comme honteux de se montrer.

Maurice, au contraire, paraissait tout joyeux. Il avait hâte de partir, et l'heure n'avançait pas assez vite à son gré. Malgré son air allègre et content, il craignait qu'au dernier moment son père ne se ravisât et n'empêchât la vente.

Avant de partir, Maurice, pour donner du cœur à son père, fit servir du pain, de la viande froide, un broc de l'excellent cidre de Goignot et une bouteille de vieux calvados (eau-de-vie de cidre.)

Depuis quelque temps l'ordinaire de la ferme était meilleur. Si Maurice exigeait plus de travail et d'activité de ses domestiques, il les nourrissait mieux. Au repas du midi et du soir il avait exigé que tout le monde se rangeât autour de la table, lui, son père et sa mère occupant le haut bout. Il ne souffrait plus que personne mangeât à la débandade comme autrefois. Il en résultait que le repas durait moitié moins de temps et qu'on mangeait avec plus d'appétit.

Le déjeuner fini, le fermier et son fils montèrent dans leur carriole et partirent au grand trot d'un bon petit poney alezan que Maurice avait bien soigné.

A peine eurent-ils disparu, qu'Onésime s'habilla à la hâte et se sauva vers le bourg, escortée du vieux berger. A la voir marcher si alerte et si décidée, on n'eût jamais reconnu la pauvre femme qui se traînait à l'aide d'un bâton les jours précédents.

Lorsqu'elle arriva chez la Cogneuse (ainsi s'appelait la personne obligeante qui prêtait sa maison moyennant finance), le sorcier y était déjà.

Galoupet était un vieillard de soixante-dix ans qui cherchait à paraître encore plus vieux qu'il ne l'était réellement. S'il était sorcier, s'il avait des secrets pour guérir le monde au moyen de paroles et d'attouchements, il n'avait pas celui de s'enrichir, car sa mise était des plus misérables. Toutefois ses vêtements de beuvrine, quoique usés, étaient assez propres.

Il ne montra ni empressement, ni curiosité à la vue d'Onésime, que d'ailleurs il connaissait déjà. Il attendit, en la regardant d'un air morne et froid, qu'elle lui adressât la parole ; sa figure immobile n'exprimait aucun sentiment.

« Me voici venue, dit madame Mazé très émue déjà par cet accueil étrange.

— Pourquoi êtes-vous venue ? demanda Galoupet sans bouger de sa place et sans cesser de la regarder fixement.

— Pour que vous me guérissiez.

— Quel mal avez-vous ?

— La fièvre.

— Je le sais bien... Depuis combien de temps.

— Tous les étés depuis trois ans. Ça me prend au renouveau.

— Je le sais bien... Vous avez un accès tous les deux jours.

— Oui, le plus souvent.

— Je le sais bien. »

Le berger debout et immobile regardait et écoutait, les yeux écarquillés, la bouche béante. Ses traits exprimaient une admiration mêlée de terreur.

« Ce n'est pas moi qui ai été vous chercher, reprit le sorcier, qui pensait à se mettre en règle avec la justice.

— Oh! mais non, s'écria Onésime. C'est moi au contraire qui ai demandé à vous voir.

— Entrez, brave femme, » dit Galoupet d'un ton d'autorité.

Jusqu'alors madame Mazé était restée debout presque sur le seuil de la porte. Elle obéit, et la Cogneuse s'empressa de mettre le verrou. Goru s'était effacé dans un coin, la Cogneuse dans un autre. Onésime de plus en plus troublée restait debout en face de Galoupet comme un coupable. devant son juge.

« Je veux bien vous guérir, dit Galoupet, mais c'est à la condition que vous allez jurer sur une poule noire que jamais vous ne parlerez de notre entrevue ni de ce qui va se passer ici.

— Je jurerai, répondit Onésime dont la voix tremblait.

— La Cogneuse, avez-vous une poule noire? demanda le sorcier.

— Oui...

— Allez la chercher. »

La vieille femme disparut et revint bientôt avec une poule complètement noire. Galoupet prit la poule, l'examina dans tous les sens pour s'assurer qu'elle n'avait pas une plume qui ne fût noire, puis il lui mit la tête sous l'aile et la posa sur la table, où elle resta immobile.

« Approche, » dit Galoupet à Onésime d'un ton impérieux.
Madame Mazé obéit.

« Bien!... Étends les deux mains sur cette poule noire, mais prends bien garde de la toucher. »

Onésime fit ce qu'on lui commandait, tout interdite; Goru tremblait comme une feuille.

« Maintenant, répète mot pour mot ces paroles :

« Je jure sur cette poule noire de ne jamais parler ni au maire, ni au garde champêtre, ni au juge, ni à qui que ce soit, de ce qui s'est dit et fait le 25 juillet 1879 à dix heures du matin chez la Cogneuse. »

Onésime répéta ces paroles sans y rien changer.

« C'est bien, » dit Galoupet. Il prit la poule, dressée à cette petite comédie, fit le simulacre de lui arracher de l'aile deux grandes plumes qu'il avait au préalable fourrées dans sa manche, en donna une à Onésime et garda l'autre pour lui.

« Maintenant nous sommes liés, dit-il en ne la tutoyant plus ; si vous veniez à manquer à votre serment, la mort, le tonnerre, l'incendie, tous les malheurs tomberaient sur votre maison. »

La poule dégagea sa tête de dessous son aile et se sauva en poussant des cris aigus. La Cogneuse lui ouvrit la porte et lui jeta à la dérobée dans la pièce voisine une poignée de sarrasin.

Cette farce n'était que le préliminaire de la consultation.

Il y avait un lit dans la pièce.

« Maintenant, déchaussez-vous, baissez vos bas, relevez les manches de votre camisole et couchez-vous dans le lit que voilà, » reprit Galoupet.

Onésime s'empressa, comme toujours, d'obéir. Lorsqu'elle fut allongée sur le lit, le sorcier lui fit, sur chaque jambe, avec le pouce et le petit doigt, une onction depuis l'orteil jusqu'au genou et depuis le pouce de la main jusqu'au coude en prononçant des mots bizarres et des adjurations qu'on eût dit faites en latin, bien qu'il ne sût ni lire ni écrire et qu'il n'en connût pas un mot.

« C'est fini, dit-il au bout de cinq minutes. Relevez-vous et rajustez-vous. »

Lorsque Onésime fut sur pied, il lui indiqua une drogue abominable à faire infuser dans une bouteille d'eau-de-vie, en lui recommandant de boire un bon demi-verre de cette eau-de-vie le matin.

Alors, toujours avec le même ton d'autorité, il ajouta :

« La consultation est finie ; allez-vous-en. Si vous avez besoin de me revoir vous me ferez prévenir.

— Combien est-ce ? demanda madame Mazé en hésitant.

— Pour moi, je soigne gratis ; mais la Cogneuse ne peut pas prêter sa maison pour rien : donnez-lui vingt francs. »

Onésime sortit de sa poche un petit paquet entortillé d'un chiffon : c'était son porte-monnaie. Elle en tira les vingt francs, formés en monnaie de toute espèce. Depuis trois mois la malheureuse avait rogné sur tout afin d'amasser cette petite somme à l'insu de son mari.

Onésime et le vieux berger retournèrent à Concheville émerveillés et terrifiés à la fois. Madame Mazé, qui se figurait sentir l'influence des mots bizarres et des attouchements du sorcier, marchait d'un pas encore plus leste et paraissait plus gaie qu'en venant. Le berger, lui, était fier d'avoir été l'intermédiaire entre le sorcier et sa maîtresse.

Après leur départ, Galoupet et la Cogneuse se partagèrent l'argent.

Puis la Cogneuse alla chercher un demi-litre de calvados au débit voisin. Les deux compères, après avoir trinqué ensemble, se séparèrent en attendant que de nouveaux imbéciles vinssent réclamer pour leurs maladies les conjurations du sorcier.

« Avez-vous vu, maîtresse, dit le berger pendant le trajet, qu'il n'y a pas de secret pour cet homme-là. Vous n'avez pas eu besoin de lui dire qui vous étiez, il le savait, et votre mal aussi : il savait tout.

— C'est vrai pourtant, » répondit Onésime.

Pendant que cette comédie ridicule se jouait chez la Cogneuse, l'étude de M. Ernaud, le notaire qui vendait la Chesnaie, se remplissait d'acquéreurs. Tous n'étaient pas sérieux cependant. Il y en avait plusieurs qui étaient venus par simple curiosité. Pierre Jarnet était de ce nombre. C'était son habitude d'ailleurs de se fourrer un peu partout et de ne jamais laisser échapper l'occasion de faire un pique-nique à l'hôtel ou même au cabaret.

A onze heures l'étude était presque pleine ; toutefois maître Goignot n'avait point encore paru. Mazé et son fils étaient présents. Le premier avait l'air embarrassé et toujours un peu honteux. Maurice paraissait tout à fait à son aise. Pierre Jarnet s'était approché d'eux et leur parlait de ce ton protecteur et important qu'il prenait avec ceux qu'il regardait comme ses inférieurs. Mais Maurice lui fit bien vite sentir qu'il n'était pas disposé à se laisser protéger.

Le notaire entra dans l'étude et prit le fauteuil du maître clerc avec la gravité qui sied en pareil circonstance. Il frappa sur le pupitre pour faire faire silence et chacun se plaça du mieux qu'il put autour de la pièce.

Maître Goignot était toujours absent : aussi Maurice commençait-il à croire qu'il avait renoncé à la Chesnaie.

M. Ernaud ouvrit un cahier qu'il tenait à la main en entrant.

« Nous vendons le champ nommé la Chesnaie, » dit-il pour débuter.

Au même moment la porte de l'étude s'ouvrit et le fermier de Marencour entra. Le notaire lui donna une poignée de main, ce qui était un grand honneur aux yeux de tous les assistants, et cet honneur, il ne l'avait fait jusque-là à personne, pas même au fermier de Glagny.

« Je craignais que vous ne vinssiez pas, lui dit M. Ernaud.

— Mon cheval s'est déferré en chemin et s'est blessé. J'ai été forcé de le laisser avec la carriole et de faire à pied le reste de la route. »

Pierre Jarnet s'empressa auprès de maître Goignot et finit par placer sa chaise auprès de la sienne.

Goignot adressa de la tête un bonjour amical à Maurice.

« Est-ce que vous voulez acheter la Chesnaie, maître Goignot? lui demanda Pierre Jarnet.

— C'est à savoir, répondit Goignot en vrai Bas-Normand.

— Si vous en avez envie, dites-le-moi, j'y renoncerai.

— Faut pas que ça vous empêche d'enchérir, si c'est votre idée, répondit le premier.

— Ah! jamais, jamais sur vous! » s'écria Jarnet.

Goignot lui lança un regard fin et acéré et sourit. Pierre Jarnet avait voulu se donner un mérite à ses yeux; le rusé fermier de Marencour avait deviné qu'il n'était venu que pour se montrer et faire des embarras.

M. Ernaud acheva de lire le cahier des charges et les conditions de la vente; puis un des clercs alluma la bougie.

« A 15000 francs le clos de la Chesnaie, » cria le notaire.

Personne ne mit enchère et la première bougie brûla jusqu'au bout. On en alluma une deuxième.

« A 15000 francs, recommença maître Ernaud, à 15000 francs. »

La deuxième bougie allait s'éteindre et aucune enchère ne venait. Maurice, qui assistait pour la première fois à une adjudication, devenait inquiet et commençait à craindre que la mise à prix ne fût trop élevée. Au moment où la bougie allait s'éteindre, une voix fit entendre le mot fatidique : *Enchère.*

Le premier clerc alluma une autre bougie et l'adjudication continua. Au bout de cinq minutes une deuxième enchère couvrit la première. La bataille était engagée. Maurice respira plus à l'aise, et Goignot, qui n'avait dit mot encore, aspira fortement une prise de tabac.

Nous ne suivrons pas en détail le cours de l'adjudication. Nous dirons seulement que, si les enchères ne se succédaient pas rapidement, elles arrivaient à des intervalles de temps réguliers et étaient mises par sept ou huit concurrents, tous gros cultivateurs des environs.

La Chesnaie, sur laquelle il n'y avait ni maison d'habitation, ni bâtiments d'exploitation, ne pouvait convenir qu'à un cultivateur qui eût déjà l'une et les autres. Mais si cette absence de constructions éloignait un propriétaire ou un petit fermier qui eussent voulu demeurer sur la terre, ce n'était point un empêchement pour un gros cultivateur, qui pouvait avec son matériel et ses engrais exploiter le champ presque sans débours. Aussi commençait-il à être bien disputé lorsque le fermier de Marencour entra en lice.

La première enchère qu'il mit produisit un mouvement en

sens divers et fut suivie d'un profond silence. Ne le voyant pas
enchérir, les amateurs avaient pensé qu'il était venu là en curieux, comme Pierre Jarnet et quelques autres. Mais lorsqu'il
eut ouvert la bouche, on comprit que la lutte allait devenir
chaude, et ceux qui avaient atteint la limite qu'ils s'étaient fixée,
s'arrêtèrent les uns après les autres. Bientôt ils ne furent plus
que quatre, puis trois, et enfin deux seulement, maître Goignot et un gros fermier de la commune nommé Garnier, propriétaire d'une petite ferme voisine de la Chesnaie et où il avait
l'intention de se retirer à la fin de son bail.

Assis à trois pas l'un de l'autre, la figure impassible, mais le
regard enflammé, Goignot et Garnier, son concurrent, ressemblaient à deux lutteurs dont les coups ou les passes étaient les
enchères. L'une suivait l'autre à intervalles égaux comme le
mouvement du balancier d'une horloge. La somme dépassait
20 000 francs et les enchères allaient toujours leur train. Les
premiers enchérisseurs oubliaient leur déconvenue pour suivre
avec un intérêt palpitant la lutte acharnée de Goignot et de
Garnier. A qui resterait le champ? Nul n'aurait pu le dire.

Les enchères atteignirent 21 000 francs, puis 22 000, puis
23 000 francs, et aucun des antagonistes ne paraissait fatigué;
cependant Garnier commençait à parler d'une voix de tête.

« A 24 000 francs, le champ de la Chesnaie, cria M. Ernaud
sur une enchère de Goignot.

— Elle est à vous, la Chesnaie! » s'écria Garnier en partant de
l'étude comme un boulet de canon et sans même fermer la
porte derrière lui.

Tout le monde se leva au milieu d'un brouhaha général, pendant que le notaire adjugeait à maître Goignot la Chesnaie au
prix de 24 000 francs.

« Il l'a tout de même, le vieux Crésus, » murmura Mazé avec
un mouvement de mauvaise humeur singulièrement atténuée
par le prix qu'avait atteint son champ : il ne comptait que sur
18 000 francs.

« Vous avez le champ, maître Goignot, dit l'un des concurrents avec dépit, mais vous le payez bien.

— Nous savons bien ce que nous faisons, » répondit Goignot.

Naturellement Pierre Jarnet s'empressa d'adresser de bruyants compliments à son futur beau-père. Maurice s'approcha et lui dit :

« Maître Goignot, puisqu'il nous fallait le vendre, je suis bien content que vous l'ayez. »

Goignot lui donna une cordiale poignée de main, ce qui parut plaire médiocrement au beau fermier de Glagny.

Pierre Jarnet dit quelques mots à voix basse à plusieurs gros cultivateurs qui firent un signe d'assentiment. Il revint ensuite trouver Goignot et lui dit :

« Nous allons, plusieurs amis et moi, déjeuner à l'hôtel du Cheval Blanc; voulez-vous en être, maître Goignot?

— Merci, maître Jarnet.

— Mais je vous invite, dit maladroitement le beau fermier, qui pensa que c'était la dépense qui retenait Goignot.

— Merci bien, vous dis-je, répondit le fermier de Marencour, qui devina le fond de sa pensée. Si je pouvais aller avec vous, je paierais mon écot; mais j'ai affaire en ville. »

Jarnet se mordit les lèvres.

« Eh bien! ce sera pour une autre fois, dit-il

— Oui, c'est cela, pour une autre fois, » répondit Goignot.

Pierre Jarnet emmena ses amis. L'étude se dépeupla peu à peu et reprit l'aspect tranquille et froid qui lui était habituel.

Goignot resta avec M. Ernaud pour s'entendre sur le payement comptant du quart de la vente, et Mazé et son fils pour toucher une somme de deux mille francs qui leur était indispensable.

Maurice prit à part le fermier de Marencour :

« J'aurai besoin de vos bons conseils, dit-il, pour mettre Concheville en bonne culture; voudrez-vous bien me les donner, maître Goignot.

— De tout mon cœur, Maurice. Toutes les fois qu'il te plaira, je serai à ta disposition. Viens me voir à Marencour. »

Maurice aurait bien voulu profiter de la circonstance pour entamer une réconciliation entre son père et son voisin; mais le terrible Mazé paraissait plus concentré que jamais et affectait de se tenir à l'écart.

Quand Onésime apprit que la Chesnaie ne leur appartenait plus, elle leva les mains et les yeux au ciel et poussa un profond soupir :

« C'est vendu ! » s'écria-t-elle de sa voix la plus lamentable.

Maurice et même Mazé voulurent en vain, pour atténuer ses regrets, lui montrer combien la vente était avantageuse et comment l'argent qu'ils allaient toucher leur permettrait de relever leurs affaires : rien n'y fit. Elle ne voyait qu'une chose, n'avait qu'une pensée : c'est que la Chesnaie ne leur appartenait plus.

« C'est vendu, vendu, vendu! » ne cessait-elle de répéter.

Cependant les remèdes et le régime prescrit par le médecin commençaient à produire leur effet. L'accès de fièvre que la mère de Maurice eut après les premières prises de quinine fut bien moins violent que les précédents. Onésime attribua cet heureux changement non pas aux remèdes du docteur, mais aux paroles et aux attouchements de Galoupet. La pauvre femme était persuadée que lorsqu'elle aurait avalé la drogue qu'il lui avait prescrite, la fièvre disparaîtrait tout à fait.

Maurice était heureux du changement qu'il remarquait dans l'état de sa mère et s'applaudissait d'avoir amené le médecin malgré elle. Mazé lui-même, moins expansif que son fils, ne cachait pas son contentement.

Certes le traitement et les médicaments du médecin étaient pour beaucoup dans cette amélioration; mais les réparations faites à la maison, le nettoyage de la cour, l'écoulement des eaux stagnantes et l'aération des abords des constructions y étaient bien pour quelque chose aussi. Et il n'y avait pas que la fer-

C'ÉTAIT MAURICE QUI S'ÉTAIT CHARGÉ D'ADMINISTRER
LES REMÈDES A SA MÈRE.

mière qui se trouvait bien de cet assainissement : tout le personnel de Concheville s'en ressentait. Les visages perdaient petit à petit leur aspect jaune et terreux, et on y voyait de temps à autre un rayon de gaieté. Les mouvements étaient plus vifs et plus alertes, et la langueur nonchalante qui sembla être à l'ordre du jour faisait place à l'entrain et à l'activité dans l'accomplissement du travail aussi bien à l'intérieur qu'à l'extérieur.

C'était Maurice qui s'était chargé d'administrer les remèdes à sa mère. Chaque matin à six heures il lui faisait, pour commencer, avaler dans de la confiture une prise de quinine. Quand sa mère voulait résister, il lui rappelait la menace du médecin et finissait par la décider, moitié par force, moitié par prière.

Le lendemain du jour où elle était entrée en possession de la drogue de Galoupet, Maurice trouva sa mère qui l'attendait

« Allons donc, paresseux, lui dit-elle gaiement, je croyais que tu m'avais oubliée.

— Oh! non, ma mère; il n'est pas six heures.

— Allons, donne-moi ma poudre et laisse-moi dormir. »

Maurice lui présenta dans une cuillère un peu de confiture renfermant la quinine.

Onésime avala lestement le remède et remit sa tête sur l'oreiller. Il sembla à Maurice que son haleine avait une odeur particulière. Il se retira cependant sans faire aucune observation. A peine eut-il refermé la porte, que sa mère atteignit la bouteille, la remua et se versa un quart de verre de son contenu. Elle en avait déjà bu un quart avant la visite de son fils; mais elle voulait atténuer le remède du médecin en le mettant entre deux coups de la drogue de Galoupet. Elle avala ce qu'elle avait versé dans le verre en faisant une horrible grimace.

Le seul effet produit par le prétendu remède de Galoupet fut une série de violents maux de tête.

Le médecin, appelé en toute hâte, reconnut facilement que la pauvre Onésime buvait de l'eau-de-vie.

Il ordonna des compresses sur la tête et des infusions de thé.

« Vous suspendrez, dit-il, les remèdes que j'ai prescrits jusqu'à ce qu'elle soit remise des suites de son imprudence et vous
veillerez bien à ce quelle ne recommence pas. Quant à ceux
qui lui ont donné le conseil de prendre un pareil breuvage,
tâchez de les découvrir et je me charge de leur affaire. »

Le médecin se retira.

Au bout de deux jours Onésime reprit le traitement ordonné
par le médecin, et quinze jours après les fièvres avaient à peu
près disparu.

De quelque manière que son fils et son mari s'y prissent,
jamais ils ne purent lui faire avouer qui lui avait conseillé de
boire le breuvage· qui avait failli la faire mourir. Onésime se
rappelait le terrible serment que le sorcier lui avait fait prêter
et se serait plutôt fait hacher en morceaux que d'y manquer.

Galoupet et la Cogneuse ne furent donc pas inquiétés pour
cette fois. Du reste, après sa guérison la mère de Maurice de-
meura convaincue qu'elle la devait, non pas au traitement du
médecin, mais bien aux paroles, aux attouchements et à l'af-
freuse drogue de Galoupet; et quand on lui disait en la félici-
tant qu'elle aurait bien fait d'appeler le médecin plus tôt, elle
répondait en hochant la tête d'un air mystérieux :

« Ce n'est pas lui qui m'a guérie. »

LES RAPPORTS DE BON VOISINAGE

La moisson était commencée dans toute la contrée, la récolte abondante et Concheville assez bien traité relativement. Mais les bras manquaient. On avait eu bien de la peine à trouver le monde nécessaire pour couper et mettre en meules. Ceux qui voulaient battre leur grain étaient fort embarrassés.

Mazé, qui n'avait pas changé sous le rapport de la nonchalance, ne se préoccupait guère de cet état de choses. Il n'en était pas ainsi de son fils, qui désirait se débarrasser le plus vite possible de l'égrenage et de l'emmagasinage de la dernière récolte, pour se livrer tout entier à ses grands projets d'amélioration.

Nous ne voulons point présenter Maurice comme une de ces natures exceptionnelles qui savent tout sans avoir eu la peine d'apprendre ; mais il était intelligent et très pénétré du désir de s'instruire et de suivre le progrès. Ce qui est vrai aussi, c'est qu'il avait une vocation prononcée pour l'agriculture et le travail des champs.

En arrivant au régiment il savait lire et passablement écrire ; c'était tout. Au contact de certains de ses camarades il s'aperçut bien vite de son ignorance. Il fréquenta l'école assidûment, s'appliqua beaucoup et acquit en dix-huit mois une passable instruction primaire élémentaire. A cause de sa bonne conduite il avait été déjà nommé brigadier. Au bout de deux ans de service il obtint le grade de puis celui de maréchal des logis

Quand le régiment revint d'Afrique, il rapportait en outre la médaille militaire.

Il eut la chance d'être envoyé en garnison dans une grande ville dans le voisinage de laquelle il y avait une ferme-école et

dont les campagnes sont les mieux cultivées de toute la France.

Maurice était doué d'un esprit très observateur. Il fut frappé de la différence qui existait entre la culture de son pays et celle qui s'étalait sous ses regards. Une visite qu'il fit à la ferme-école acheva de lui ouvrir les yeux. Tous les instants que lui laissait son service, et malheureusement ils n'étaient pas nombreux, il les employait à parcourir les campagnes, à observer, à examiner, à questionner les paysans. Il saisissait toutes les

LA MOISSON ÉTAIT COMMENCÉE.

occasions de pénétrer dans l'intérieur des fermes pour voir comment le travail était dirigé par la ménagère, quels étaient les aménagements pour la laiterie, pour la fromagerie, la fabrication du beurre.

Il s'occupait de tout, non seulement des grandes cultures, mais encore des produits secondaires, tels que la fruiterie, le potager, les petits animaux de basse-cour. Il ne rentrait jamais à la caserne sans avoir augmenté ses connaissances.

Quand Maurice pouvait obtenir une permission assez longue, il se rendait à la ferme-école où il était connu et où il était toujours bien accueilli. Il avait la chance d'avoir pour capitaine un officier fils de paysan comme lui et qui avait les mêmes goûts que lui. Ce capitaine disait que, s'il ne passait pas bientôt chef de bataillon, il prendrait sa retraite dès qu'il pourrait pour se retirer à la campagne, y louer une ferme et la faire valoir lui-même.

Grâce à ce capitaine, qui, comme lui, s'intéressait vivement à l'agriculture, Maurice obtenait assez souvent des autorisations d'absence dont il savait profiter. Parfois même l'officier et le sous-officier faisaient leurs excursions ensemble, et alors ils se communiquaient leurs observations. En les discutant et en les commentant ils augmentaient le cercle de leurs connaissances. Ce qui les intéressait surtout, c'étaient les nouveaux instruments aratoires en usage à la ferme-école, car ces instruments, maniés par des mains expérimentées, exécutaient plus vite et mieux les travaux champêtres. Jamais Maurice ne s'était figuré qu'on pût obtenir de tels résultats par des moyens mécaniques et qu'on pût remplacer, pour des ouvrages relativement délicats, la main de l'homme avec tant d'avantage.

Rentré à la caserne, Maurice mettait en note sur un calepin ce qu'il avait vu pendant son excursion dans les campagnes ou ses visites à la ferme-école, y ajoutant ses réflexions propres faites sur place, pour les mettre en pratique à son retour à Concheville, en cas qu'il dût y rester.

Les réformes et les améliorations qu'il méditait depuis son retour n'étaient donc pas les rêves d'un esprit inquiet et brouillon qui veut changer pour le plaisir de changer et faire sentir son action personnelle. Il avait beaucoup acquis théoriquement et on peut presque dire pratiquement, car s'il n'avait pas mis la main à l'ouvrage, il avait vu travailler et fonctionner les instruments aratoires ; mais il n'avait pas la présomption de se croire un cultivateur accompli pour cela. Il avait beaucoup vu et beaucoup appris ; mais il y a une connaissance qu'il ne pouvait acquérir que sur les lieux, à Concheville : celle de la terre et de ses qualités propres.

Toutes les terres n'ont pas la même aptitude à produire les mêmes choses. Elles changent de canton à canton, de ferme à ferme. Telle semence qui convient à l'une ne convient pas à l'autre. Un engrais qui fera pousser une magnifique récolte dans un champ sera nuisible dans un autre, souvent peu éloigné ; toutes ces particularités, on ne peut les connaître qu'en étudiant le sol, sa composition, son exposition, etc. L'expérience lui manquait à cet égard, et c'est pour cela qu'il avait demandé les conseils de maître Goignot.

Le fermier de Marencour employait certains instruments aratoires qu'on ne connaissait pas du tout à Concheville et fort peu dans le pays. Par une exception singulière il n'avait pas de batteur mécanique, soit qu'il reculât devant la dépense, soit qu'il partageât l'erreur commune, accréditée par l'ignorance et la routine, à savoir, que les bestiaux refusent la paille qui en provient, tandis qu'au contraire ils la recherchent avec avidité.

Il avait conservé l'habitude fort coûteuse de battre son blé en grange, l'hiver, et de le conserver à cet effet en meules aux abords de la ferme. Cette méthode a bien des inconvénients, quand ce ne serait que d'exposer le grain à l'humidité, de forcer le fermier à attendre un temps sec pour le transporter à la grange, sans compter le danger d'incendie.

Maurice avait vu tous les avantages qu'offrait l'emploi du batteur mécanique, mais il n'osait en acheter un dès sa première année, à lui tout seul. C'eût été immobiliser une trop forte somme. Il avait vu à la ferme-école une de ces machines qu'on louait aux cultivateurs; mais elle était mise en mouvement par la vapeur, et Maurice craignait de graves accidents causés par le manque d'expérience.

Il se rabattit sur un batteur à manège de chevaux, moins

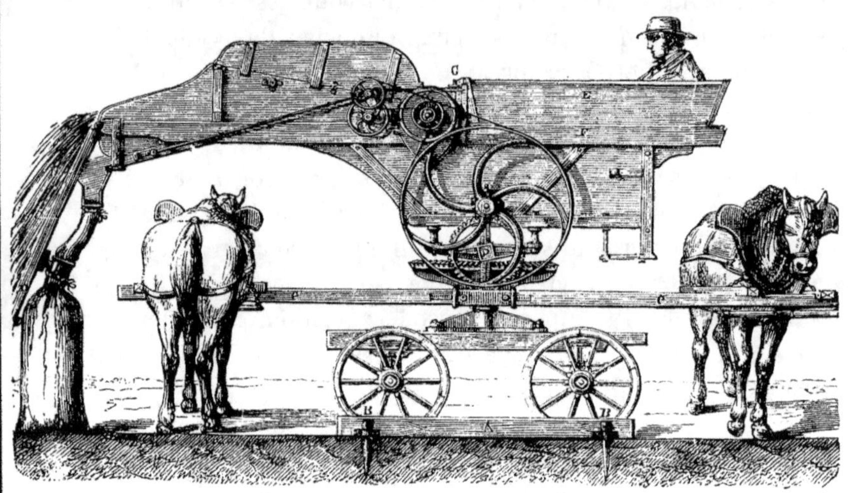

BATTEUR A MANÈGE DE CHEVAUX.

coûteux et surtout moins dangereux, et songea d'abord à l'acheter par souscription entre cultivateurs. Une considération l'arrêta : l'antagonisme qui pourrait naître entre plusieurs personnes ayant mêmes titres et mêmes droits à se servir de la machine. Il finit par décider qu'il s'adresserait à maître Goignot. Il était dans les meilleurs termes avec lui, et Mazé lui-même, depuis qu'il s'était habitué à la vente de la Chesnaie et qu'il en avait fait livraison, la dernière gerbe enlevée, sans embarras ni observations de la part de Goignot, ne récriminait plus autant contre lui, ou du moins ne parlait plus de lui avec emportement.

Le dimanche suivant, au bourg, il aperçut le fermier de Marencour qui causait avec celui de Glagny en face de la mairie. Cette vue lui fut très désagréable. Il savait que Marie était à la messe, et il pensa que Pierre Jarnet était venu pour s'en aller, l'office terminé, avec le père et la fille passer la journée chez eux.

Cependant le temps pressait. Le blé était partout en moyettes, s'il n'était pas déjà en meules. Si on se décidait à acheter un batteur mécanique, il fallait le faire de suite pour éviter des frais de main-d'œuvre inutiles. Maurice fit un effort et s'approcha du fermier. L'accueil qu'il reçut de maître Goignot l'encouragea ; dans celui de Pierre Jarnet il y avait toujours cette manie de protection et de supériorité qui avait toujours pour effet d'exaspérer Maurice.

« Eh bien, dit Jarnet à Maurice, il paraît que nous faisons de bien belles choses à Concheville.

— De bien belles choses n'est pas le mot, répondit Maurice d'un ton tranquille ; nous faisons l'indispensable, voilà tout.

— Il paraît qu'on n'apprend pas seulement l'exercice au régiment, » reprit Jarnet d'un air moqueur.

Pour toute réponse Maurice le regarda dans le blanc des yeux ; l'autre en fut tout décontenancé.

« Je ne sais pas si c'est au régiment que Maurice a appris ce qu'il sait si bien, dit Goignot, à qui le ton du fermier de Glagny déplaisait ; mais j'en connais beaucoup qui font leurs embarras et qui ne seraient pas capables de lui en remontrer. »

L'allusion était directe ; Pierre Jarnet le sentit, se mordit les lèvres et ne dit mot. Il se redressa sur ses jarrets de toute sa hauteur, laissant voltiger au vent les longs bouts d'une magnifique cravate de soie violettte.

Il était ce jour-là dans sa plus belle toilette. Il portait une redingote et un gilet noirs et un pantalon gris un peu reco-

LE BLÉ SE METTAIT EN MEULES.

quillé sur la botte. Son chapeau de feutre gris orné d'un bout de plume de paon, à la mode suisse, était crânement posé sur l'oreille. Il était grand, assez bien fait, mais maigre et sans tenue.

« Maître Goignot, dit Maurice après cette petite escarmouche, j'aurais quelque chose à vous communiquer.

— A ton aise, mon garçon. De quoi s'agit-il? répondit le fermier de Marencour.

— Oh! ce n'est pas bien pressé et ça ne regarde que vous et moi.

— Si je vous gêne, dit Jarnet d'un ton hautain, vous n'avez qu'à le dire. »

Maurice n'était point d'un caractère querelleur, mais le beau Jarnet lui portait singulièrement sur les nerfs.

« Vous ne me gênez pas du tout... en ce moment du moins, répondit Maurice sans s'émouvoir; seulement il est inutile de parler devant vous d'une chose qui ne vous regarde pas. »

Les deux jeunes gens échangèrent un regard qui n'avait rien de tendre.

Maurice ne faisait pas mystère plus que de raison de ce qu'il avait dans la pensée; mais il connaissait assez le sans-gêne et le caractère dominateur du fermier de Glagny pour le juger capable de s'approprier son idée. Alors il aurait acheté en toute hâte le batteur mécanique et associé d'office à son entreprise maître Goignot, qui se fût peut-être laissé faire.

« Bon, bon, dit Goignot, tu veux me demander des conseils, n'est-ce pas? Nous nous en irons ensemble après la messe et tu me conteras ton affaire. »

Jarnet regarda en l'air en sifflant entre ses dents, pour tâcher de faire croire qu'il n'était pas vexé du tout; mais il l'était sensiblement, et il se creusait la tête pour trouver un moyen de faire sentir au petit fermier de Concheville sa supériorité sociale.

Le hasard parut lui venir en aide. Une voiture s'arrêta sur

la place. Le maire de la commune en descendit ; il était accompagné d'un monsieur décoré.

« Tiens ! le maire et notre conseiller général, s'écria maître Jarnet. Vous permettez que j'aille leur serrer la main ? ajouta-t-il en s'adressant au fermier de Marencour.

— Allez, allez, Jarnet, ne vous gênez pas, » répondit Goignot avec la plus parfaite indifférence.

Jarnet s'éloigna sans dire un mot à Maurice. Il s'approcha du maire et de son compagnon, les salua gauchement, comme un important qui craint d'être trop poli, et leur tendit la main sans façon. Le maire lui prit la main comme à une connaissance ; le conseiller général n'eut pas l'air de s'apercevoir de son mouvement et parut même se demander de qui lui venait cette marque de familiarité. Le maire fut forcé de lui décliner les noms et qualité du fermier de Glagny. Alors le conseiller général hocha la tête comme quelqu'un qui se dit :

« Bien ! je sais à qui j'ai affaire maintenant. »

Le fermier eut l'inconvenance de se placer entre lui et le maire, qui remit bien vite le conseiller entre eux deux.

Tout trois parcouraient lentement la petite place en recevant force saluts. Le beau Jarnet faisait la roue et ne perdait pas un pouce de sa taille. Il affectait de paraître à son aise et sur le pied de la plus complète familiarité avec ces deux messieurs.

Tout à coup le regard du conseiller général tomba sur Maurice. Il s'avança vers lui avec empressement.

« Mais c'est le sergent Mazé, n'est-ce pas ? dit-il d'un air joyeux.

— Oui, monsieur, c'est lui, » répondit Maurice en souriant.

Alors le conseiller général lui prit les deux mains et les serra chaleureusement.

« Monsieur le maire, reprit-il, je ne savais pas que M. Mazé fût un de vos administrés. Je vous en fais mon compliment. Vous avez en lui un homme qui fera beaucoup de bien dans votre commune, s'il veut, comme je n'en doute pas, mettre à profit son intelligence et l'instruction qu'il a acquise. Son colonel me disait il y a huit jours que s'il fût resté au régiment, il aurait eu l'épaulette avant deux ans. Quant à moi, je suis personnellement obligé à M. Mazé. Il a été un chef excellent pour mon fils, qui vient de finir son volontariat d'un an et qui professe pour lui une sincère amitié. Il a été bon tout en étant ferme, et lui a appris à considérer ce court espace de temps passé sous les drapeaux non comme une corvée, mais comme une école où l'on doit d'autant plus travailler qu'on a moins de temps à y rester. Le sergent Mazé a fait de mon fils un homme. »

Maurice était confus et embarrassé pendant cet éloge qu'il n'osait interrompre par respect. Une chose le dédommageait néanmoins, c'était le sourire contraint et la mine allongée de Pierre Jarnet, qui avait voulu triompher à ses yeux et se trouvait relégué au dernier plan.

Le conseiller dit en particulier quelques mots au maire.

« Mais avec plaisir, monsieur le conseiller, » répondit le maire, et s'adressant à Maurice, il ajouta : « Monsieur Mazé, voulez-vous bien nous faire l'honneur de dîner avec nous ? »

Pour le coup le beau Jarnet était complètement distancé. Il enrageait de dépit.

Maurice remercia, s'excusant sur ce que son père et sa mère, n'étant pas prévenus, seraient inquiets de son absence.

« Si ce n'est que cela, je me charge de les faire avertir, » dit Goignot.

Le jeune homme remercia de nouveau, mais refusa formellement.

« Eh bien ! promettez-moi, dit le conseiller général, de venir dîner chez moi, à Bacville, dimanche prochain. Nous aurons mon fils René et il sera charmé de vous voir. »

Maurice ne pouvait refuser une invitation si gracieuse.

De maître Jarnet pas un mot. Le maire et le conseiller général saluèrent Maurice et Goignot et s'éloignèrent sans songer au fermier de Glagny. Ce n'était pas intention de leur part; ils l'avaient oublié. Il dévora sa mortification, souhaita le bonjour à maître Goignot et détala.

La messe finie, Marie Goignot sortit de l'église une des premières, accompagnée de Renotte, autrement dit *la Rousse*. Dès qu'elle aperçut Maurice en la compagnie de son père, sa physionomie franche et ouverte montra clairement qu'elle n'était nullement fâchée de le voir.

« As-tu quelques commissions à faire au bourg? demanda Goignot.

— J'ai donné mes ordres à Renotte, répondit sa fille. Nous pourrons retourner à la maison quand vous voudrez.

— Eh bien! en route, » dit maître Goignot en se tournant vers Maurice pour l'inviter à les accompagner.

Le jeune homme ne se fit pas répéter l'invitation, et tous les trois prirent le chemin cantonal qui conduisait à Marencour.

La Rousse était demeurée au bourg pour faire des commissions. Il y avait un peu moins de deux kilomètres du bourg à Marencour. A peine étaient-ils à trois cents mètres du bourg, que Goignot s'arrêta.

« Diable! s'écria-t-il, j'allais faire un beau coup. Je dois rendre réponse à un commissionnaire de la ville, à qui j'ai donné rendez-vous à la sortie de la messe, au sujet de mon foin qu'on me demande à acheter; il faut que je retourne au bourg.

— Voulez-vous que j'y aille à votre place, maître Goignot? demanda Maurice avec obligeance.

— Si c'était pour lui dire simplement que je refuse le marché, j'accepterais volontiers, répondit Goignot; mais c'est pour le débattre, et tu ne pourrais me remplacer. Reconduis Marie à Marencour et viens me voir cette après-midi. Nous causerons. »

Mazé et Marie causèrent comme de bons amis tout en marchant, et quand Goignot les rejoignit, Mazé savait à n'en pas douter que Marie n'épouserait jamais Pierre Jarnet.

« J'espère que je ne me suis pas trop fait attendre, dit joyeusement Goignot. J'ai bien fait de retourner au bourg. J'ai trouvé mon homme déjà tout inquiet de ne pas me voir. »

Le petit groupe acheva la route en marchant un peu plus vite. La conversation roula sur les travaux de la campagne, le temps ne permettant pas à Maurice de dire ce qu'il voulait à Goignot; mais lui et Marie paraissaient un peu distraits.

L'après-midi, Maurice se rendit à Marencour. Le fermier l'attendait, Marie était restée tout exprès. Maurice exposa les avantages d'un batteur mécanique et proposa d'en faire l'achat de moitié. Maître Goignot se montra parfaitement disposé.

« Achète le batteur, dit-il à Maurice, et je m'engage à tout ce que tu voudras. Si tu trouves bon de le louer quand nous n'en aurons plus besoin à Marencour et à Concheville, nous le louerons aux conditions que tu fixeras; si tu veux le garder pour l'année prochaine, nous le garderons. »

Marie servit une collation et en prit sa part, ce qu'elle n'avait jamais fait avec Pierre Jarnet, même quand sa mère l'accompagnait.

Le soir Maurice apprit à son père que le fermier de Marencour s'associait avec lui pour l'achat d'un batteur mécanique.

« Pourvu qu'il ne t'attrape pas ! » lui répondit l'incorrigible Mazé; mais il disait cela par habitude et presque sans aigreur. En somme, l'esprit du vieux Mazé était déjà presque aussi changé que les bâtiments de Concheville, les cultures et la santé générale des gens de la ferme.

VII

Le beau Jarnet était revenu d'une humeur diabolique. Après avoir voulu se poser aux yeux de maître Goignot et de Maurice comme un personnage important, il était forcé de s'avouer que Mazé fils avait eu le beau rôle : c'était à lui que le conseiller général avait tendu la main, c'est lui qu'il avait invité à dîner. Le maire même, dont Jarnet affectait de se dire l'ami, ne s'était guère occupé de lui et n'avait point cherché à le retenir.

Pierre Jarnet en voulait à tout le monde de sa déconvenue, mais surtout à Maurice, auquel il gardait une sourde rancune. Il fit part à sa mère de ce qui venait de lui arriver et du peu d'empressement que lui avait témoigné le fermier de Marencour.

« Bah ! lui répondit madame Jarnet, tu iras voir Goignot et il sera enchanté de te recevoir comme autrefois. Tu les négliges trop, lui et sa fille, et tu feras bien de songer sérieusement à l'affaire. Tu as trente-sept ans ; Marie est majeure : il est temps d'en finir. »

Pierre le pensait aussi, mais il lui en coûtait de faire le pas décisif, et il pensait que Marie l'attendrait tant qu'il lui plairait de la faire attendre.

Cependant Maurice n'avait pas perdu de temps. Dès le dimanche soir il avait écrit à C..., où se trouvait un dépôt considérable d'instruments aratoires, et s'était fait expédier un batteur à manège. Il avait choisi un modèle qu'il avait vu fonctionner et dont il connaissait le mécanisme. Trois jours après le batteur arriva à Marencour, où Maurice l'avait fait adresser. Goignot fut très sensible à cette prévenance de son jeune voisin et en exprima son contentement à Marie.

Le même jour la *mécanique* fut montée et essayée, dans la cour de la ferme, sous la direction d'un mécanicien envoyé tout exprès pour cette importante opération. Tout le personnel de Concheville, moins Mazé et sa femme, et tous les gens de Marencour étaient là.

Le lendemain, toujours sous la direction du mécanicien, l'égrenage commença. La récolte encore en meules dans les champs devait être apportée au fur et à mesure des besoins. Mais un amas de gerbes avait été placé à proximité du batteur.

Maurice avait amené son chariot et des chevaux de renfort.

A sept heures du matin un bruit strident se fit entendre à à plus de deux kilomètres de Marencour. Le batteur mécanique, orné d'un énorme bouquet de fleurs et de verdure et mis en mouvement par deux chevaux vigoureux, égrenait la première gerbe, présentée à l'égréneur par le mécanicien lui-même

Le grain, net et débarrassé de toute paille, était projeté en tas d'un côté et la paille de l'autre, aux acclamations et à la surprise non seulement des gens des deux fermes, mais encore de vingt cultivateurs venus là par curiosité.

Et pendant que deux files de femmes placées en face l'une de l'autre, armées de longues fourches de bois faisaient passer la paille qui sortait du batteur, des hommes la mettaient en meules à une certaine distance pour qu'elle ne gênât pas les travailleurs en obstruant la place; en même temps d'autres mettaient le grain en sacs et le portaient au-dessous d'une gerbière par laquelle on les hissait pour les verser sur un plancher bien sec et sous un toit bien clos.

Les chariots suffisaient amplement au batteur, grâce aux gerbes entassées d'avance à proximité.

Le travau marchait avec un entrain admirable. Les travailleurs, sans cesse poussés par le batteur qui demandait toujours de la gerbe, s'excitaient les uns les autres par des cris joyeux, des quolibets, des plaisanteries qui faisaient rire.

Maître Goignot était émerveillé de la rapidité avec laquelle son blé passait au batteur, était ensaché et mis dans son grenier, pendant que la paille s'entassait en meules régulières derrière les bâtiments de service.

De nombreux pichets de cidre circulaient de temps en temps parmi les travailleurs, et c'était de toute nécessité, car le soleil était chaud, la poussière intense, et on besognait ferme.

Mais le roi de la fête, car c'était bien là une véritable fête, c'était Maurice Mazé. A lui revenait l'initiative de l'introduction du batteur mécanique dans la contrée. Aussi recevait-il force compliments et poignées de mains des cultivateurs accourus là en curieux, et même de ceux qui étaient venus avec la pensée de rire de son échec, dont ils ne doutaient pas; ceux-là étaient les premiers à s'inscrire pour avoir la mécanique lorsque Marencour et Concheville auraient fini.

Mazé et sa femme étaient restés seuls à la ferme avec la Javotte. Le fermier était agité de sentiments divers. Il aurait bien voulu voir marcher la *mécanique*, dont le bruit excitait sa curiosité au plus haut degré, mais il ne voulait point aller à Marencour. Il savait bien que lorsque l'égrenage serait terminé chez son voisin, l'on recommencerait chez lui ; néanmoins il éprouvait une terrible impatience, une véritable inquiétude de voir comment les choses se passaient.

Il avait envoyé dans la matinée la Javotte à Marencour, et la grosse fille était revenue émerveillée. Le rapport qu'elle lui fit ne lui paraissait pas croyable. Il aurait voulu voir son fils, le questionner à son tour, discuter avec lui, et en lui-même il lui reprochait de ne pas se montrer. A part sa rancune et son antipathie pour Goignot, jamais Mazé n'avait éprouvé de sentiment aussi vif que celui qui l'agitait en ce moment.

LE BATTEUR DEMANDAIT TOUJOURS DES GERBES.

A midi Maurice vint dîner. Il n'est pas de questions que son père ne lui fît, montrant malgré lui un intérêt très grand et ne protestant que pour la forme par des gestes d'incrédulité que démentait l'expression même de son visage. Onésime était plus opiniâtre que son mari dans son incrédulité.

« Vous ne me croyez pas, dit enfin le jeune homme avec une certaine impatience. Eh bien! venez-y voir; Goignot ne vous mangera pas.

— Moi, aller chez le père Crésus, jamais! s'écria Mazé.

— Il ne faudrait pas avoir de sang dans les veines, » ajouta sa femme.

Ces protestations étaient comme les dernières bouffées d'un long orage amassé dans l'esprit des époux Mazé et qui n'allait pas tarder à se dissiper.

« Comme vous voudrez, répondit Maurice en se levant. Du reste, dans quelques jours, vous pourrez juger par vous-même, sans vous déplacer, de l'exactitude de ce que je vous dis, puisque le batteur sera installé ici. »

Maurice, comme on l'a remarqué, ne manquait jamais de respect à ses parents, tout en déplorant leur aveugle prévention, aussi bien à l'égard de Goignot qu'à l'égard des progrès et des améliorations.

Que de gens à la campagne sont comme les fermiers de Concheville! Souvent ils se montent l'esprit les uns contre les autres pour des riens, sans motifs plausibles. Une basse envie et une mesquine jalousie sont le plus souvent cause de rancunes et d'inimitiés invétérées qu'un peu de justice, de bonne foi et de franchise dissiperaient. Ce n'est pas tout : ils sont tellement possédés de l'esprit de routine, que non seulement ils ne veulent pas sortir des errements de leur jeunesse, abandonner les faux calculs et les erreurs qu'on leur a cornées aux oreilles, mais qu'ils s'y cramponnent au contraire avec un entêtement aveugle, et vont jusqu'à mettre une sorte d'amour-propre à nier des faits dont l'évidence est palpable.

Sans blesser l'agriculteur, nous pouvons dire que l'industriel est plus avisé que lui dans l'emploi des nouveaux systèmes, et quand il a sous les yeux un instrument qu'il ne connaissait pas et dont l'avantage lui est sûrement démontré, il s'empresse de l'employer.

Le paysan est plus long dans ses déterminations, et ce n'est qu'à la longue qu'il l'adopte : non pas avec prudence, le mot ne convient pas exactement, mais avec une défiance craintive, prêt à se décourager au premier obstacle.

Mais revenons à notre sujet.

Son repas terminé, Maurice était retourné à Marencour, où le batteur se fit entendre de plus belle. Cependant l'impatience fébrile du père Mazé croissait d'heure en heure. Le bruit formidable que la brise lui apportait, inégal, mais continu, lui agitait les nerfs. Les cris joyeux des travailleurs lui arrivaient comme par bouffées. Il rôdait par la cour, l'âme inquiète, la face tournée du côté où le bourdonnement se faisait entendre. Il regrettait, sans se l'avouer, que son fils ne lui eût pas demandé avec plus d'insistance de l'accompagner et ne l'y eût pas contraint en quelque sorte. Si Maurice avait insisté davantage, il est probable qu'il se fût laissé faire.

En ce moment la Javotte vint solliciter la permission de retourner à la *mécanique*.

« Va au diable, s'il te plaît, » lui répondit son maître avec humeur, car il était outré contre lui-même de ne pas oser faire comme elle.

La Javotte prit sa course à travers champs, franchissant les haies et les fossés, passa sans le voir auprès d'un chariot qu'on chargeait de gerbes et arriva tout essoufflée à Marencour. Elle vit une fourche inoccupée, s'en empara et se mit à la file des autres femmes, et fit passer la paille avec une ardeur incroyable.

Mazé continuait d'aller et venir par la cour, n'ayant pas la force de s'occuper pour faire diversion à ses incertitudes. —

Enfin, n'y tenant plus, il s'approcha de la barrière, l'ouvrit et
se dirigea vers Marencour comme attiré par le bruit du batteur.
A mesure qu'il approchait, il sentait naître en lui une espèce
de terreur. Puis il pensa que si on l'apercevait sur Marencour,
auprès de la maison, on considérerait cette démarche comme
une avance qu'il semblerait faire au vieux Crésus. Il eut honte,
s'arrêta et fut sur le point de revenir sur ses pas,

Mais le bourdonnement assourdissant du batteur, les cris et
les clameurs joyeuses des travailleurs, la poussière dorée qui
s'élevait en nuages au-dessus du champ de travail, tout cela
exerçait sur lui un attrait irrésistible. Il continua de s'avancer,
se faufilant le long des haies, se baissant jusqu'à terre, regardant à droite et à gauche si on ne l'apercevait pas, semblable
en un mot à un malfaiteur qui va faire un mauvais coup.

A la fin il avisa deux arbres si rapprochés qu'ils semblaient partir de la même souche, sur un fossé qui limitait la cour par un coin. Il se glissa et se blottit derrière les arbres. Alors il fut saisi d'une admiration béate. Jamais il n'avait assisté à pareille fête ; jamais il ne se fût figuré que l'égrenage d'une gerbe pût se faire si bien, si rapidement, avec tant d'ardeur et de joyeux entrain.

Mais quel ne fut pas son étonnement quand il aperçut Onésime, sa femme, se démenant comme une possédée, une fourche à la main, en face de la Javotte !

Voici ce qui était arrivé :

Pendant que Mazé luttait contre son invincible désir et rusait avec lui-même, Onésime, demeurée seule à Concheville, était obsédée d'un sentiment de curiosité égale à la sienne. En sa qualité de fille d'Ève elle avait cédé plus vite que son mari. Elle avait fermé les portes de la maison et, marchant droit au bruit du batteur, elle s'était trouvée sans savoir comment dans la cour du père Goignot. Sa tête faible s'était grisée au bourdonnement de la machine, aux clameurs de tout ce monde fourmillant en ordre parfait. Voyant une fourche abandonnée, elle s'en était emparée et, se plaçant en face de sa grosse servante, elle s'était mise, comme elle, à pousser la paille.

Mazé croyait rêver. Il se frotta les yeux, se tâta et se palpa ; il lui fallut se rendre à l'évidence : tout Concheville, même lui, même sa femme, était à Marencour, sur la terre de l'affreux père Crésus. Et comme si ce n'était assez du témoignage de ses yeux, il entendit derrière lui une voix moitié amicale, moitié railleuse, qui disait :

« Allons, maître Mazé, il y a assez longtemps que ça dure ; donnons-nous une poignée de main et allons boire un coup. »

Mazé se retourna et vit maître Goignot, dont le visage était épanoui par un bon et franc sourire. Alors tous les mauvais sentiments du fermier de Concheville s'évaporèrent. Un peu honteux, il descendit du talus où il était grimpé comme en embuscade et mit sa main dans celle que lui tendait son voisin : la paix était faite.

Maître Goignot avait plus que tout autre subi l'influence de ce que l'on peut appeler la fête de Marencour. Il était ravi de l'idée qu'avait eue Maurice de l'associer à l'acquisition du batteur. Son jugement sain et son expérience lui avaient fait apprécier tout l'avantage que non seulement lui, mais toute la commune, toute la contrée retirerait de l'emploi d'un instrument aussi utile. Il était bien content et bien gai, le brave Goignot. Cependant cela n'eût pas suffi peut-être pour qu'il adressât le premier la parole à ce chicanier de Mazé, si dans sa joie il ne lui était arrivé de rafraîchir assez souvent son gosier desséché par la poussière.

Il avait du reste largement fait les choses. Il avait mis en perce son meilleur fût et il versait le cidre à rasades à tous ceux qui en demandaient.

Maître Goignot emmena Mazé et sa femme à la maison et il envoya chercher Maurice. Marie aidée de Renotte servit une collation, pendant que son père débouchait une bouteille de vin.

Maurice, tout occupé à diriger le batteur, n'avait pas eu connaissance de ce qui venait de se passer. Aussi son étonnemen fut extrême quand il vit son père et sa mère, qu'il avait laissés si animés en partant de Concheville, assis à la table du père Goignot et causant amicalement avec lui. Il eût été bien difficile à Mazé et à sa femme de donner l'explication du changement qui venait de s'opérer en eux, vu qu'ils ne le comprenaient pas bien eux-mêmes.

C'était précisément l'heure de la collation pour tout le monde. Le batteur était arrêté et le silence semblait extraordinaire après le grand vacarme de la matinée.

Mazé, sa femme, Goignot, Marie et Maurice trinquaient ensemble en écornant de petites galettes légèrement sucrées que Marie excellait à fabriquer. Mazé était un peu comme ahuri de se trouver là. Sa femme semblait indifférente, selon son habitude. Quant à Goignot, il paraissait naturellement l'homme le plus heureux du monde. Une joie intime et pure se lisait dans les regards de Marie et de Maurice. Désormais la discorde, si l'on peut appeler ainsi un sentiment d'hostilité qui n'existait que d'un côté, allait disparaître. Les deux voisins allaient vivre en bons termes.

Les gens de Glagny avaient été fort surpris d'apprendre que Goignot s'était mis de moitié avec Mazé pour acheter un batteur mécanique. Cette association mécontenta très fort madame Jarnet. Elle vit là un manque de procédés envers elle et envers son fils, auquel le fermier de Marencour, s'il voulait un associé, aurait dû s'adresser de préférence. Lorsqu'elle apprit que Goignot et Mazé étaient réconciliés, elle ne put s'empêcher d'en concevoir quelque inquiétude. Pour la première fois il lui vint à l'idée que Maurice pourrait bien chercher à supplanter Pierre. Toutefois elle était trop convaincue de la supériorité de son fils pour craindre un danger sérieux et imminent; mais il ne fallait pas s'endormir cependant.

Son fils, auquel elle fit part de ses réflexions, se contenta de sourire d'un air de suffisance et de dédain. Néanmoins il jugea bon de se faire voir à Marencour sans délai. Sa mère et lui s'y rendirent le dimanche suivant, après les vêpres.

Le blé de maître Goignot avait été battu en quelques jours: le grain était emmagasiné et la paille en mulons. Le lendemain c'était le tour du fermier de Concheville, et Goignot devait lui rendre le service qu'il en avait reçu en allant chez lui avec tout son monde, ses chevaux et son chariot.

Il fit bon accueil à ses visiteurs, mais sans montrer un empressement excessif. Pierre Jarnet était toujours pour lui, sinon le fiancé de sa fille, du moins un prétendant sérieux. Malgré l'accueil cordial qu'il faisait à Maurice, l'estime et l'affection qu'il lui avait montrées et l'opération qu'ils avaient engagée de moitié, il était encore à cent lieues de songer à rendre ces attaches plus étroites en lui donnant sa fille.

Maître Goignot n'était pas un coq de paroisse comme Jarnet, mais il était riche, et Maurice ne l'était pas. Quels que fussent son désir de le devenir, son intelligence et son activité, cette différence de fortune était à ses yeux et malgré son bon jugement une trop grave considération pour supposer au jeune homme une ambition aussi déraisonnable que celle de devenir son gendre. Il n'en avait même jamais eu la pensée.

Quand les gens de Glagny arrivèrent, Maurice causait avec Goignot auprès du batteur. A la vue de madame Jarnet et de son fils, son front s'assombrit. Il avait appris que pendant son congé ils n'étaient venus que fort rarement à Marencour. Il en avait conclu que le mariage, si tant est qu'il eût été arrêté jadis, était un peu tombé dans l'oubli. Il savait d'ailleurs de Marie elle-même que jamais elle n'épouserait maître Jarnet. Mais la visite des fermiers de Glagny lui montrait que rien n'était rompu; et ce qui n'est pas définitivement rompu peut toujours se renouer.

Marie était au bourg. Il était évident que ces gens allaient l'attendre; mais Maurice n'était pas d'humeur à céder comme autrefois la place. La conversation étant tombée naturellement sur la machine à égrener, Goignot fut obligé d'avoir recours à Maurice pour donner les explications que demandait madame Jarnet. Maurice s'exécuta de bonne grâce, simplement et sans se faire valoir. La fermière de Glagny le regardait à la dérobée avec une inquiète attention. Son ton modeste, son langage clair et précis, sa jeunesse et sa bonne mine n'étaient pas faits pour calmer ses inquiétudes maternelles. Elle comprit que son fils aurait dans Maurice un rival redoutable, sinon auprès de Goignot, du moins auprès de sa fille.

« Vous avez acheté cette machine de moitié avec le fils Mazé, dit-elle à maître Goignot en l'entraînant à l'écart. Pourquoi n'êtes-vous pas venu nous trouver? C'était tout indiqué.

— Ce n'est pas moi qui en ai eu l'idée, c'est Maurice, répondit Goignot. Il est venu m'en parler et me proposer de nous associer. C'est un brave jeune homme, qui n'est point sot, qui travaille bien et se conduit de même. Je n'avais pas de motifs de le refuser, et j'ai accepté. »

Ces éloges mérités portèrent au comble les inquiétudes de madame Jarnet.

« Je vous croyais brouillés à mort avec les gens de Conche-ville, reprit-elle.

— Le père Mazé, dit Goignot, est un pauvre homme qui s'était mis en tête que je lui en voulais, que je cherchais à lui nuire, quand je ne demandais qu'à vivre en bonne intelligence avec lui comme avec les autres. Il est venu voir travailler la mécanique. Je l'ai invité à boire un verre de vin et il a accepté. Nous avons choqué les verres ensemble, et je crois que nous serons bons amis désormais. Maurice, lui, ne partageait pas les sentiments de son père, au contraire. Nous nous sommes toujours parlé, et je suis persuadé que c'est lui qui a arrêté une assignation que m'avait fait signifier Mazé au sujet d'une poignée de froment qu'une de mes vaches avait tondue dans un de ses champs mal clos. »

Ces paroles ne rassurèrent pas madame Jarnet.

« Dites-moi, maître Goignot, reprit-elle d'un ton confiden-tiel pendant que Pierre et Maurice silencieux les suivaient à quelques pas, il serait temps, je pense, de marier nos en-fants.

— Mais il me semble aussi, répondit Goignot d'un air dis-trait.

— Marie est enfin décidée?

— Je ne le lui ai pas demandé; mais Pierre, de son côté, ne me paraît pas trop pressé, fit observer le malin fermier.

— Oh ! mon fils voudrait que ce fût fait depuis longtemps, répliqua madame Jarnet, et s'il s'est montré si patient, c'est qu'il craignait de déplaire à mademoiselle Goignot, sachant qu'elle éprouvait de la répugnance à vous quitter. »

Pour une personne rusée, la fermière venait de commettre une grosse bévue.

« Il est bien certain que ce mariage amènera un grand changement chez moi, répondit Goignot.

— Le temps est venu de vous reposer, maître Goignot. Vous viendrez demeurer à Glagny avec nous.

— Mais j'en ai encore pour plusieurs années à Marencour.

— Pierre se chargera de mener la terre comme vous le lui indiquerez. »

Madame Jarnet essayait de réparer sa bévue.

« Ça ne serait point commode, madame Jarnet; Glagny est trop loin de Marencour; nous perdrions de l'argent. Il faut qu'un cultivateur demeure sur sa ferme.

— Nos enfants ne peuvent pourtant pas rester toujours ainsi, objecta la fermière.

— Je le sais bien, mais n'importe! cela fera bien du changement chez moi... Je vais parler à ma fille de ce que vous me dites.

— D'ailleurs, s'il le faut, son mari habitera avec vous jusqu'à ce que votre bail prenne fin.

— Ça ne se peut pas, madame. Glagny souffrirait autant de son absence que Marencour de la mienne, répondit Goignot en hochant la tête.

— Moi j'y resterai, fit observer madame Jarnet. D'ailleurs il y a à Glagny une servante qui a de la tête et qui me remplacerait au besoin. »

En ce moment l'entrée de Marie mit fin à l'entretien. Elle arrivait du bourg, animée par la marche, le sourire sur les lèvres, pleine de vie et de santé.

Pierre et Maurice s'avancèrent vers elle avec empressement.

Après l'avoir saluée, Maurice se disposait à se retirer, ne voulant pas paraître indiscret, ni s'imposer.

« Tu vas faire la collation avec nous, Maurice, » lui dit tranquillement Goignot. Madame Jarnet et son fils ne purent s'empêcher de faire la grimace

Renotte mit sur la table une nappe toute blanche qui sentait une bonne odeur de lessive. Marie, après s'être débarrassée de son bonnet et de sa pèlerine, fit le service de la table. Goignot apporta une bouteille de vin et une bouteille d'eau-de-vie.

La collation fut assez froide. Goignot était distrait; Pierre et madame Jarnet, un peu embarrassés malgré leur assurance, et Marie très réservée avec eux. Maurice n'était pas plus à son aise que les autres.

La situation était trop tendue pour que la séance se prolongeât longtemps, et après avoir grignoté une galette et bu un verre de vin, madame Jarnet se leva de table. En se rendant à sa voiture, elle trouva moyen de répéter à Goignot ce qu'elle lui avait dit précédemment. Dans le trajet de Marencour à Glagny elle dit à son fils :

« Mon garçon, si tu veux épouser Marie Goignot, il est grand temps de t'en occuper.

— Pourquoi ça? demanda-t-il.

— Parce qu'il y a un autre prétendant.

— Un autre prétendant! Qui donc?

— Maurice Mazé...

— Maurice Mazé! » répéta le beau Jarnet d'un air de dédain; et il partit d'un bruyant éclat de rire.

« Il n'y a pas sujet de rire, » lui dit sa mère.

Le lendemain au petit jour le batteur mécanique fut transporté à Concheville et le manège installé. En trois jours l'égrenage, la ventilation et l'emmagasinage du blé étaient terminés comme ils l'avaient été à Marencour.

Plusieurs cultivateurs, frappés de l'avantage qu'il y avait à se servir de la mécanique, avaient demandé à la louer. Mais le mécanicien, après avoir démontré à Maurice la manière de faire marcher le batteur, de prévenir les accidents et d'y remédier au besoin, était retourné à C... Maurice ne pouvait s'assujettir à le remplacer et à suivre le batteur dans toutes les fermes : il n'en avait pas le temps. Il avait donc fait choix d'un jeune homme de sa connaissance, intelligent et actif, et lui avait appris à se servir de la machine. Il la lui confia, et ce jeune homme, désigné sous le qualificatif de « mécanicien », accompagna désormais le batteur partout où on en fit usage.

Libre maintenant de toute préoccupation, Maurice pouvait se livrer aux changements de cultures et aux améliorations qu'il méditait à la ferme. Son père, profondément ébranlé dans ses idées de routine par le succès du batteur, lui avait donné carte blanche. Maurice avait fait venir du dépôt de C... plusieurs charrues et herses de différents systèmes. Deux ou trois orages étant survenus sur ces entrefaites et ayant suffisamment détrempé la terre, il avait fait labourer à une grande profondeur et herser plusieurs pièces de terre ensemencées en froment à la dernière récolte. Il avait fait fumer partie avec l'engrais retiré de la fosse à purin et devenu un excellent compost, partie avec du fumier d'étable, et il avait semé des plantes fourragères.

C'était une innovation dans le pays. On n'y connaissait guère que les prairies naturelles et un peu le trèfle incarnat à grandes feuilles, l'herbe crue poussée le long des fossés et l'herbe maigre des jachères. Cette nouvelle culture excita comme toujours les critiques et les moqueries de quelques vieux routiniers comme Mazé. D'autres cultivateurs en attendirent les résultats avec impatience.

Il a été parlé plus haut d'une vaste prairie naturelle dont la partie supérieure produisait d'assez bon foin, tandis que le reste, couvert d'eau une grande partie de l'année, était envahi par les glaïeuls, le jonc et d'autres plantes marécageuses, ou nuisibles, ou impropres à l'alimentation du bétail et d'aucun rapport.

Maurice fit ouvrir une tranchée profonde d'un mètre cinquante et large d'autant en travers de cette partie marécageuse, avec de petites rigoles à vingt-cinq mètres de distance qui venaient y aboutir perpendiculairement. Moins de huit jours après l'achèvement de ces travaux la terre était assez meuble pour être labourée. Maurice employa une charrue légère, creusant des sillons assez profonds pour retourner les racines des glaïeuls et du jonc, pas assez pour les enterrer. Peu de temps après il fit herser plusieurs fois et en débarrassa à peu près complètement la terre. Il fit racler une dernière fois et sema du ray-grass.

En même temps il s'approvisionnait de fourrage et de paille pendant qu'ils étaient encore à bon marché, et aussi de fumier qu'il était allé acheter à la ville.

Bientôt les grands labours commencèrent. Maurice demanda à maître Goignot quelles cultures convenaient le mieux à Concheville, dont la terre était à peu près la même que celle de Marencour, et son avis sur les engrais qu'il croyait les meilleurs.

A la fin de l'automne il n'y avait pas à Concheville deux pièces de terre qui n'eussent été défoncées, labourées, sarclées, hersées, fumées et convenablement ensemencées. Le champ semé de graines fourragères en juin avait produit une telle quantité de fourrage, que Maurice avait pu ajouter quatre vaches laitières aux huit qu'il y avait déjà. La partie supérieure de la prairie, la meilleure, n'étant plus piétinée sans cesse par le bétail, s'était couverte d'une herbe fine et épaisse ; ce serait un vrai régal lorsque la *picachie* serait mangée.

De même la partie couverte d'eau quelques mois auparavant se trouvait, grâce à la tranchée et aux rigoles, partout émergée, et une herbe d'une excellente qualité remplaçait les glaïeuls et autres plantes parasites qui, tout en ne rapportant rien, appauvrissaient le sol.

L'oseraie était plantée d'excellent osier qu'il avait fallu faire venir de loin ; le jardin, d'arbres à fruits de table dont la ferme

VACHES LAITIÈRES.

était dépourvue. Les carrés disposés pour les légumes, les couches ménagées pour les semis n'attendaient plus que le renouveau pour recevoir la dernière main-d'œuvre et les semences, et donnaient exactement le plan d'un jardin bien conçu.

Une grande pépinière s'étendait au bout. On manquait dé jeunes plants d'arbres à fruits pris dans le canton, et Maurice avait été obligé d'aller chercher les siens à plusieurs lieues de là. Les paysans, par ignorance ou par insouciance, négligeaient complètement cette culture, aux produits de laquelle le chemin de fer ouvrait un facile débouché. Maurice s'était mis en tête d'en doter le pays. Il avait fait venir un traité d'arboriculture et s'était mis à l'œuvre avec l'ardeur qu'il apportait à tout ce qu'il entreprenait.

On avait un peu déboisé les fossés, surtout à l'entour de la ferme. En mainte place les arbres étaient trop pressés et se nuisaient les uns aux autres. Maurice n'avait pas eu de peine à le démontrer au notaire, qui lui avait donné l'autorisation d'abattre ce qu'il jugerait convenable. Mais on avait été limité dans cette opération par la crainte de fouler des terres déjà travaillées et ensemencées. On avait renvoyé l'abatis à l'année suivante, après la récolte.

Dans le pays, qui est encore très boisé, les champs étaient trop morcelés et creusés de fossés à talus plantés qui prenaient beaucoup de terre et nuisaient aux cultures. Il faut de l'air et du soleil pour produire de belles et abondantes récoltes. Sans déboiser la ferme, au contraire, tout en favorisant le développement des arbres de haute futaie et d'émonde, Maurice, toujours d'accord avec le notaire, se proposait de supprimer chaque année un certain nombre de ces talus et fossés, et de ramener la ferme à la quantité de bois nécessaire et proportionnée à son importance.

Mazé finissait par comprendre petit à petit que la routine ne vaut rien et que l'on court tout droit à la ruine quand on ne marche pas avec le progrès. Il ne contrariait plus Maurice que tout juste pour lui rappeler qu'il était encore le maître : petite faiblesse de sa part qui ne blessait pas son fils. Il était gai et content, mangeait de bon appétit aux repas toujours bien réglés, tenant la place du maître au haut de la table, buvant bravement son coup de cidre et bavardant comme une pie, lui naguère si taciturne.

Onésime n'avait plus entendu parler de sa fièvre. Sa figure n'était plus d'un jaune terreux; quelque carmin paraissait sur ses joues; ses yeux avaient retrouvé leur vivacité, qui d'ailleurs n'avait jamais été bien grande. Avec la santé, le goût du travail lui était revenu. La Javotte travaillait toujours à l'intérieur, mais elle l'aidait et, chose inouïe, lui faisait tenir le ménage avec une extrême propreté.

Néanmoins la pauvre femme était restée convaincue qu'elle devait sa guérison à Galoupet, bien qu'il eût failli la tuer, tant il est difficile de déraciner de l'esprit des gens de la campagne certains préjugés et certaines croyances superstitieuses.

Cet entêté de Goru haussait de temps en temps les épaules et marmottait :

« Ces jeunes gens-là, ça voudrait en apprendre à nos barbes grises! » Dans tous les cas il avait été rendu à ses humbles fonctions de berger d'un troupeau que Maurice comptait bien augmenter. Le bonhomme ne mangeait plus tous les jours sa soupe à la ferme, comme il en avait pris l'habitude au détriment de ses moutons, car autrefois il les tenait au parc ou à la bergerie quand ils auraient pu avec avantage demeurer dehors.

La ferme de Concheville avait un air d'activité et de vie qu'elle n'avait jamais eu et qui contrastait singulièrement avec sa torpeur et son marasme de l'année précédente. Tout y était réglé et s'y faisait avec ordre et mesure: aussi on ne parlait que de la ferme dans le pays. Maurice était regardé comme le premier et le plus laborieux des cultivateurs, et les grosses fermières du canton qui avaient des filles à marier le guignaient du coin de l'œil.

VIII

Après la visite de madame Jarnet et de son fils à Marencour, Goignot avait remis sur le tapis la question du mariage que sa fille semblait avoir perdu de vue. C'était du reste bien à contre-cœur. Le brave homme ne se faisait pas illusion sur le bouleversement que cette union allait apporter dans son existence et dans ses intérêts mêmes. Mais il fallait en finir, et il n'y avait aucune raison sérieuse de tarder encore. Mieux valait que le mariage eût lieu pendant qu'il jouissait d'une bonne santé et qu'il était encore vert : il pourrait continuer avec Renotte l'exploitation de la ferme jusqu'à la fin de son bail.

D'ailleurs, Pierre Jarnet était considéré comme le meilleur parti des cultivateurs du canton. En l'épousant, Marie devenait une des premières et la maîtresse de la plus grande ferme de l'arrondissement. La raison, les convenances et les intérêts étaient ici d'accord. Et avouons-le (hélas! qui n'a pas sa faiblesse), maître Goignot était très flatté de penser que sa fille s'appellerait madame Jarnet.

La réflexion et l'affection qu'il portait à sa fille raffermirent encore maître Goignot dans sa résolution, et ce fut avec une généreuse abnégation qu'il parla à Marie de la demande des Jarnet.

La jeune fille ne parut pas plus surprise cette fois qu'elle ne l'avait été jadis, et elle se montra tout aussi peu disposée à donner son consentement. Mais son père n'entrait plus aussi bien dans ses raisons. Lors de la première demande, elle n'avait que seize ans et elle pouvait prétexter son extrême jeunesse. Lui-même avait été assez de son avis à cette époque. Aujourd'hui cette excuse semblerait dérisoire. Les Jarnet, à la fin, prendraient mal cet atermoiement, se froisseraient, et le mariage serait manqué.

Marie laissa parler son père tant qu'il voulut, et comme elle ne faisait plus aucune objection, il prit son silence pour un acquiescement et lui dit :

« Ainsi, c'est convenu ?

— Au contraire, » répondit Marie, et elle lui exposa poliment ses raisons. Les Jarnet en la recherchant songeaient bien plus à la fortune de son père qu'à sa personne. En épousant le fils Jarnet, elle serait forcée de quitter son père : ce à quoi elle ne consentirait jamais.

« Alors tu ne veux pas te marier du tout ? demanda Goignot d'un air indécis.

— Je n'ai pas dit cela.

— Quelle espèce de mari te faudrait-il donc ?

— Un mari qui viendrait habiter Marencour, qui vous aiderait dans vos travaux et vous remplacerait quand vous jugerez convenable de vous reposer, et surtout qui n'aurait pas une grande ferme à exploiter à deux lieues d'ici, » répondit Marie d'une voix un peu émue.

Maître Goignot n'objecta rien sur-le-champ. Il réfléchissait, comme il le faisait toujours quand une idée nouvelle lui était suggérée. Au fond Marie avait raison. Rien ne serait changé à Marencour, ou plutôt il y aurait un changement en bien : il aurait quelqu'un pour le seconder, et l'avenir de sa fille, qui le préoccupait souvent, se trouverait assuré. Un mariage semblable était le plus raisonnable et tout le monde y trouverait son compte. Il s'étonnait de n'y avoir pas pensé plus tôt.

« Ce mari, le connais-tu ? demanda-t-il. Est-il seulement dans le canton?... Et puis, ce n'est pas tout cela, je suis engagé avec les Jarnet.

— Mais je ne le suis pas, moi, mon père, s'écria la jeune fille avec une certaine vivacité. Je ne leur ai jamais fait la moindre promesse, et je suis certaine que vous ne voudriez pas me marier contre ma volonté.

— Oh! pour ça, jamais, ma fille; tu te marieras selon ton goût et ton idée, ou tu ne te marieras pas, si tu le préfères. »

Marie respira plus à l'aise. Son père l'aimait beaucoup; mais bien qu'il n'eût jamais manifesté une grande joie de la demande de Pierre Jarnet, n'étant pas très expansif de sa nature, elle craignait qu'il ne se regardât comme engagé d'honneur. Cette exclamation qui venait de lui échapper, la rassurait en lui faisant voir qu'en définitive elle était toujours maîtresse de la situation.

« Mais, reprit-il, que faudra-t-il répondre aux Jarnet? Je t'avoue que je suis très embarrassé.

— Peut-être ne se montreront-ils pas plus pressés cette fois que l'autre, répondit Marie.

— Oh! il ne faut pas l'espérer : madame Jarnet s'est prononcée clairement l'autre jour.

— Eh bien, mon père, vous leur répondrez ce que vous voudrez, et si vous êtes trop embarrassé, vous m'appellerez.

— Et que leur diras-tu?

— Tout simplement qu'après cinq ans de délai j'étais fondée à regarder leur demande comme annulée, en admettant que je l'eusse prise au sérieux dans le principe; que, n'ayant pris aucun engagement à cette époque, je demeurais maîtresse de ma décision aujourd'hui; que je les remercie beaucoup, et que...

— Ta, ta, ta! pas tant de mots, dit Goignot en l'interrompant. Tu es bien résolue à refuser maître Jarnet?

— Oui, mon père. »

Cette conversation laissa Goignot assez perplexe sur la meilleure manière de se débarrasser des Jarnet. Le brave homme n'était pas d un caractère faible, mais il n'aimait pas les explications délicates et difficiles.

Ce qu'avait prévu Marie arriva : les Jarnet ne revinrent pas à Marencour. En fait, c'était à Goignot à leur faire savoir la réponse à leur nouvelle demande. Mais si Pierre avait réellement tenu à Marie, ne voyant pas paraître son père et ne recevant pas de lettre, il pouvait très bien prendre sa carriole et arriver. En ne le faisant pas il montrait une grande patience, sinon une véritable indifférence.

Pendant que Jarnet hésitait encore, des cancans de toute espèce couraient par le pays. Une nouvelle qu'il apprit un jeudi, jour de marché, lui donna comme qui dirait un coup de fouet. Un jeune cultivateur des environs lui dit de but en blanc :

« Eh bien ! qu'est-ce qu'on dit donc? voilà qu'on reparle du mariage de Marie Goignot.

— Mais cela n'a rien d'étonnant, répondit Pierre en se rengorgeant.

— Je sais bien qu'elle est en âge, sans compter qu'elle fera une maîtresse femme de cultivateur, reprit le jeune homme; mais je croyais que pendant un temps vous aviez pensé à elle, maître Jarnet.

— Eh!... j'y pense toujours.

— Ah !... ah! alors mettons que je n'aie rien dit. Je ne vous ai pas choqué, j'espère?

— Pourquoi m'auriez-vous choqué? Je ne fais pas mystère de ce qui arrive.

— Comment! vous renoncez si facilement que cela à la main de Marie Goignot! s'écria le jeune paysan en jouant l'étonnement.

— Mais, je viens de vous dire le contraire, répondit Pierre, et la preuve, c'est que le mariage se fera bientôt.

— J'en suis bien aise pour vous, maître Jarnet. Mais voyez comme le monde est bête. Voilà-t-il pas qu'on fait courir le bruit que Maurice Mazé a des vues sur mademoiselle Goignot, et que les bonnes gens se sont raccommodés à l'occasion du batteur, et on le répète, ce bruit, et on y croit. »

Malgré sa confiance en lui-même, maître Jarnet changea de couleur.

« Comme vous le dites, répondit-il, le monde est bien bête. Il est possible qu'à l'occasion de la machine à battre les Mazé et Goignot se soient raccommodés; mais de là à un mariage entre Marie et le sergent-major, il y a l'épaisseur de la terre. Y pensez-vous, Gendron? Maurice, qui n'a pas le sou, prétendre à la main de mademoiselle Goignot, la plus riche fermière du pays ! Ce serait de la folie. »

Et maître Jarnet partit d'un bruyant éclat de rire.

« C'est vrai; mais le monde ne raisonne pas toujours juste; vous le savez bien, maître Jarnet. Allons, je vous fais mon compliment, car franchement vous faites là un beau mariage. »

Après avoir échangé encore quelques mots, les deux interlocuteurs se séparèrent. Pierre Jarnet avait beau dissimuler, il était passablement inquiet et surtout très humilié qu'on lui donnât pour rival un pauvre garçon comme Maurice Mazé. Quant à Gendron, il s'éloignait enchanté de lui avoir mis, comme on dit, la puce à l'oreille et persuadé que son mariage avec Marie Goignot n'était point aussi assuré qu'il affectait de le croire.

Gendron d'ailleurs ne fut pas le seul à parler dans le même sens à maître Jarnet. Tantôt on le faisait sans détour, tantôt par allusions. Cela finit par l'irriter au point que, contrairement à son habitude, il n'alla pas dîner à l'auberge avec ses compagnons de plaisir. Il n'était que trois heures quand il rentra à Glagny.

Naturellement il n'eut rien de plus pressé que d'apprendre à sa mère le bruit qui courait le pays.

« Là, vois-tu? Quand je te le disais l'autre jour, s'écria madame Jarnet. Tu as trop tardé, mon garçon.

— Est-ce que vous croyez qu'il y a quelque chose de sérieux, ma mère? demanda Pierre.

— A bien y réfléchir, il me paraît difficile que le père Goignot donne sa fille au fils d'un fermier qui vient de vendre le seul morceau de terre qu'il possédât. Pourtant, pourtant, on a vu des choses plus extraordinaires; mais qu'as-tu répondu à Gendron?

— Croyant d'abord que c'était de mon mariage qu'il voulait parler, je lui ai dit qu'en effet je devais épouser Marie.

— Et lorsque tu as appris que c'était de Maurice qu'il était question?

— J'ai affirmé de plus belle mon mariage, ajoutant qu'on en aurait bientôt des nouvelles.

— Tu as bien fait. Il faut combattre un bruit par un autre et empêcher que quelque bavard ne s'avise de complimenter Goignot sur le mariage de Marie avec le fils Mazé. Je suis bien sûre que le brave homme n'y pense pas. Mais il faut agir vite et dru. »

Le bruit du mariage prochain du maître retentit à Glagny comme un coup de tonnerre. Domestiques et journaliers s'entretenaient à voix basse et échangeaient leurs réflexions.

Madame Jarnet et son fils étaient convenus de retourner à Marencour le dimanche suivant. Ils voulaient enlever le consentement formel de Marie et fixer en même temps le jour de la célébration du mariage.

Cependant Maurice Mazé avait continué ses travaux d'amélioration à Concheville. Il aurait bien voulu faire venir un semoir mécanique; mais il s'était heurté contre la volonté opiniâtre de son père, qui n'en avait point vu encore et ne se rendait pas compte de l'avantage qu'on pouvait retirer d'un instrument aussi coûteux. Maurice avait cédé, mais il se promettait bien de le faire revenir de son entêtement l'année suivante.

La partie de la prairie qu'il avait asséchée et débarrassée des joncs et des glaïeuls donnait déjà d'excellente herbe, et

le bétail, après avoir consommé les plantes fourragères semées
dans les jachères et qui l'avaient conduit jusqu'à l'arrière-
saison, y avait été mis en attendant que l'herbe de la partie
supérieure eût suffisamment repoussé.

Nous l'avons dit déjà, Maurice savait que l'abondance du
bétail est non seulement une richesse et un bon produit, mais
de plus, à cause du fumier, une des causes les plus actives de
a fertilité de la terre. Aussi, après s'être approvisionné de
paille et de fourrages secs et en racines, il avait profité d'un

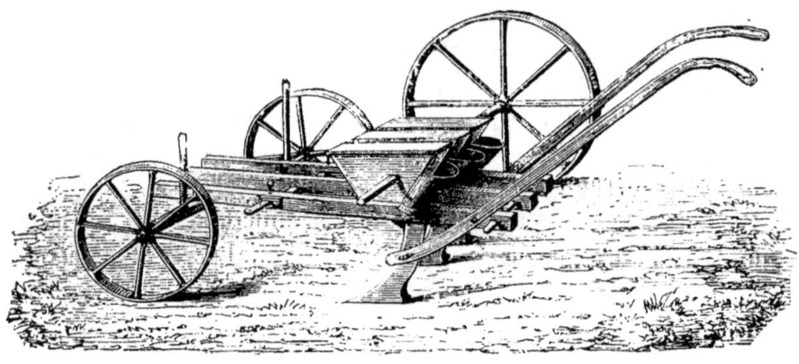

bon moment pour augmenter son troupeau de six vaches ou
génisses. Avec les huit qu'il avait trouvées à son retour et les
quatre qu'il avait achetées quelque temps après, le troupeau de
Concheville comprenait dix-huit vaches presque toutes laitières. C'était beaucoup peut-être pour la première année,
alors que toutes les terres, jusqu'à ce jour infertiles et où il
voulait faire pousser du fourrage, n'étaient pas encore suffisamment travaillées; mais il lui fallait beaucoup d'engrais, car
cette culture en exige beaucoup. Or Maurice, qui calculait et
raisonnait, savait que lorsqu'il faut acheter le fumier, c'est
une lourde dépense. Il disait que toute terre bien aménagée
doit produire indirectement celui qui lui est nécessaire. Avec
une bonne rotation dans les cultures et à la condition de ne

rien laisser perdre, un bon fermier sait lui rendre ce qu'elle donne sous une autre forme.

Mazé, selon son habitude, avait fait une rude opposition à l'achat des six nouvelles vaches, et puis il avait fini par céder. Maurice l'avait fait bondir, lorsqu'il lui avait dit que ce n'était pas dix-huit vaches qu'il voulait sur Concheville, mais vingt-cinq, quand il connaîtrait mieux la force productive et les ressources de la terre.

Le vieux routinier ne comprenait pas cette extension énorme du troupeau, qui pour lui n'était que la partie secondaire dans l'exploitation et donnait plus de soucis et de mal pour la nourriture l'hiver que de profit clair et net. Selon lui, c'était la production du blé qu'il fallait toujours avoir en vue. Une fois en terre le blé n'a plus qu'à pousser, et pendant neuf mois on est tranquille.

Maurice ne cherchait plus à le convaincre par le raisonnement, mais il allait de l'avant, comptant sur l'expérience et sur l'évidence des faits pour le convaincre. Du reste son père, tout en grognant, en récriminant et en raillant même parfois, le laissait faire, avec cette nonchalance qui chez lui était un mal chronique.

Le batteur, après avoir rendu de grands services dans la commune, était rentré au magasin à peu près payé, tous les autres frais remboursés, et cela quoiqu'on n'eût demandé qu'un prix de location très modéré. Mais qu'était-ce qu'un batteur pour toute la contrée?... Aussi d'autres cultivateurs parlaient-ils d'en faire venir pour la récolte suivante. Maître Jarnet, qui battait toujours en grange et n'avait pas encore fini, était du nombre et voulait un batteur pour Glagny seulement.

Une chose cependant préoccupait Maurice : le troupeau de moutons. L'augmenterait-il ou le supprimerait-il tout à fait? L'amélioration des terres de Concheville avait diminué l'étendue des pacages à moutons. Comme il voulait les laisser reposer le moins possible, les moutons n'auraient guère le temps

L'EXTENSION DU TROUPEAU.

de s'y ébattre. Mais il y avait des communs peu éloignés, où moyennant un très léger abonnement par tête on pouvait les mener paître. Ce n'était donc pas la question de la nourriture qui le faisait réfléchir, c'était celle du rendement.

Il ne lui était pas suffisamment démontré qu'il y eût avantage à conserver le troupeau. Comme viande de boucherie le mouton se vendait bien, mais la toison avait baissé de moitié par suite de la concurrence des laines étrangères. Or la toison est précisément le plus clair du bénéfice du fermier, et rien ne disait qu'elle ne baisserait pas encore davantage par suite des importations toujours croissantes de laine.

Nous n'avons pas la pensée de présenter Maurice comme un économiste. Sans doute il était intelligent, et il lui était venu, par-dessus les haies, des notions élémentaires sur le mouvement commercial qu'il avait saisies un peu au hasard; mais il ignorait absolument la signification du mot économiste.

Comme beaucoup de cultivateurs, il avait cherché à connaître la cause de la dépréciation des laines du pays, et des hommes plus instruits que lui en ces matières économiques la lui avaient indiquée. Maurice était fort indécis lorsqu'il lui tomba dans les mains le rapport présenté par un homme compétent au congrès de l'Association normande, un de ces hommes pour qui l'agriculture en général est la première des professions et qui s'y adonnent de toutes les forces de leur intelligence.

Ce rapport traitait précisément de l'éducation du mouton et de l'avantage qu'il y avait à négliger la toison pour la production rapide de la viande de boucherie, seule suffisamment rémunératrice aujourd'hui. A ce point de vue il désignait les races qu'il fallait abandonner, telles que celle des beaux mérinos, jadis la gloire du cultivateur, et celles qu'on devait se procurer.

La race qu'il indiquait comme préférable à toutes les autres était le Dishley, race frugale et qui donne des sujets propres à

la boucherie avant l'âge de deux ans et les meilleurs reproduc-
teurs, ceux de Hauttinguy. Les métis provenant du croisement
de cette espèce avec celle du pays donnaient un produit très ré-
munérateur, la toison étant d'ailleurs comptée pour peu de chose.

Maurice trouva dans ce rapport la solution qu'il cherchait.
Il ne songea plus à supprimer le troupeau, mais à le trans-
former. Il mit tous les moutons à l'engrais pour les vendre, ne
gardant que les jeunes brebis et les jeunes mères.

Plus de la moitié de l'argent provenant de la vente de la
Chesnaie avait été employé à acheter des bestiaux, des fourrages, des semences et des engrais de plusieurs sortes; à dé-
foncer des terres, à faire des labours profonds là où c'était
possible, à ouvrir de nouvelles rigoles pour l'écoulement des
eaux, à consolider et à curer les douves et fossés; à clore des
champs pour garantir les récoltes de la dent des bestiaux en
état de vagabondage ou abandonnés à eux-mêmes; à défricher
la pépinière et le jardin, à aménager et à planter l'oseraie, à
agrandir la fosse à purin devenue déjà trop petite par le soin
que prenait Maurice d'y faire porter tous les détritus végé-
taux et autres propres à produire du fumier, et que précédemment on laissait pourrir sur le sol sans en tirer parti, au grand
détriment de la salubrité. Après le remboursement des cinq
mille francs empruntés sur hypothèque, il restait encore environ six mille francs, que Maurice engagea son père à placer
en obligations de chemins de fer, d'une réalisation toujours
facile, et à conserver cet argent comme réserve.

Maurice avait pris une grande mesure de prudence à peu
près inconnue dans le pays : il avait assuré à une bonne compagnie non seulement les récoltes de Concheville, le mobilier
aratoire et celui de la maison, mais encore chevaux, vaches et
moutons. Bien lui en prit, car un jeune cheval dont il venait
de refuser sept cents francs fut frappé d'une congestion pul-
monaire en pleine santé et mourut dans les vingt-quatre heures
malgré tous les soins du vétérinaire.

IL MIT LES TROUPEAUX A L'ENGRAIS.

La compagnie remboursa intégralement et tout de suite, dès que la mort eut été constatée, le montant de la somme assurée.

Les rapports les plus cordiaux continuaient d'exister entre maître Goignot et son jeune et actif voisin, et ce qui plaisait surtout au fermier de Marencour et le flattait infiniment, c'est que Maurice ne se faisait pas faute de lui demander ses avis. Vu son expérience et sa connaissance de la terre locale, Goignot pouvait donner au jeune fermier des conseils très utiles. Il ne suffit pas de charger la terre de fumier au hasard pour qu'elle rapporte beaucoup, encore faut-il que les engrais conviennent à la nature du sol et à sa composition. Tel engrais qui est excellent pour une pièce de terre est moins bon pour telle autre et parfois même nuisible. C'est une chose que savent tous les cultivateurs intelligents et observateurs ; mais cette connaissance, à moins d'une instruction spéciale, ne s'acquiert que par l'expérience, un examen attentif et des comparaisons suivies et répétées.

Mazé, voyant que sa ferme n'avait plus rien à envier à celle de son voisin, ne jalousait plus maître Goignot et ne l'appelait plus le « vieux Crésus ». Si, malgré la réconciliation qui avait eu lieu le jour de l'égrenage, il n'allait pas à Marencour plus souvent qu'autrefois, du moins, quand il le rencontrait sur son chemin, il échangeait avec lui une poignée de main et quelques compliments. Seule Onésime boudait toujours un peu ; mais sa fièvre avait tout à fait disparu, et la bonne femme était rajeunie de dix ans.

Maurice voyait bien que Marie avait de l'amitié pour lui ; mais il était si modeste qu'il n'osait la demander en mariage à son père, craignant d'être rejeté.

Cependant il espérait que lorsque l'aisance serait non seulement apparente, mais réelle à Concheville, lorsqu'il aurait rendu la ferme la plus florissante du pays, son troupeau, tant de vaches que de moutons, le plus beau, quand son attelage n'aurait plus rien à envier à celui des plus riches cultivateurs, alors il oserait demander Marie à son père. Jusque-là il fallait attendre, et cela peut-être bien trois ans encore... Trois ans, c'est bien long. Et puis, Pierre Jarnet n'avait pas encore été officiellement refusé. De ce côté-là du moins Maurice eut bientôt satisfaction.

Le dimanche suivant, maître Jarnet, stimulé par sa mère, prenait avec elle la route de Marencour dans la carriole, qui avait été bien lavée et bien nettoyée. Pierre avait sa plus belle toilette, et les bouts de sa voyante cravate de soie violette voltigeaient au vent. Son regard avait une assurance effrontée, et son sourire, cette expression de contentement personnel qui le rendait particulièrement insupportable.

Madame Jarnet portait une robe du plus beau mérinos gris agrémentée de galon de soie avec effilé, un châle tapis à dessins éclatants et un riche bonnet orné de rubans et de fleurs, remis à la mode, et dont la magnifique dentelle avait été achetée à l'occasion de son mariage. Elle portait aux oreilles, au cou et aux doigts beaucoup de bijoux en or massif.

Leurs toilettes, pour le bon goût, n'auraient sans doute pas eu l'approbation des élégantes de la ville, mais elles étaient tout à fait cossues pour la campagne.

Ils s'étaient mis en route aussitôt après leur dîner, voulant être à Marencour avant que Goignot et Marie fussent eux mêmes partis pour le bourg, comme cela leur arrivait fréquemment.

Le temps était beau, mais froid. La carriole, attelée d'un vigoureux poulain plein de feu, était comme on dit enlevée, ce qui n'empêchait pas Pierre Jarnet de réchauffer de temps en temps son ardeur d'un bon petit coup de fouet. Le poulain fit ses deux lieues en quarante minutes. Sur le chemin les deux voyageurs rencontrèrent Maurice et son père qui se rendaient au bourg. Jarnet leur fit un petit salut protecteur, accompagné d'un sourire narquois à l'adresse du jeune homme.

Maurice ne pouvait douter qu'ils ne se rendissent à Marencour, et leur toilette des grandes fêtes montrait que cette visite avait un but important. Le pauvre garçon éprouva un affreux serrement de cœur.

Il continua de s'avancer machinalement; mais le sang lui bourdonnait dans les oreilles, il n'y voyait presque plus et marchait tout de travers; son esprit était à Marencour et son imagination, complice de sa modestie, lui représenta les choses tout en noir.

« Qu'as-tu donc, mon garçon? On croirait que le *piot* t'a donné dans la tête. »

Ces paroles rappelèrent Maurice à lui-même; il reprit son sang-froid et résolut de montrer plus de fermeté. Peut-être Marie irait-elle aux vêpres, et peut-être, rien qu'à la voir, devinerait-il ce qui se serait passé à la ferme de Marencour.

Pour un motif ou pour un autre, Marie ne se trouvait pas aux vêpres ce jour-là.

Maurice voulut du moins savoir si les Jarnet étaient encore à Marencour. Il se glissa derrière les haies et les talus et atteignit une place d'où il pouvait voir sans être aperçu ce qui se passait dans la cour, et même dans la maison quand les portes étaient ouvertes.

La carriole était encore dans un coin, dételée ; mais toutes les portes et les fenêtres étaient closes. A l'intérieur sans doute se tenait le terrible conciliabule dont le résultat devait décider de son sort.

Il ne rentra pas à Concheville et erra par la campagne en attendant le soir, l'esprit en proie au plus cruel tourment. Au bout d'une demi-heure il entendit le roulement de la carriole sur la route. Cela seul lui ôta un peu du poids qui l'écrasait. Il gagna par un sentier montant une hauteur d'où on dominait le chemin et un rayon d'une certaine étendue. C'étaient bien les Jarnet qui s'en retournaient. Rien qu'à voir leurs figures, Maurice comprit qu'ils partaient pour ne plus revenir : « Bon voyage ! » pensa-t-il assez peu charitablement; et il se dit aussitôt : « Si tu es un homme, tu iras trouver maître Goignot, tu lui diras ce que tu as sur le cœur et tu connaîtras ton sort. »

Marie se disposait à se rendre aux vêpres accompagnée de la Renotte, lorsque avait paru la carriole des Jarnet. Il ne lui avait pas été difficile de deviner ce qu'ils venaient faire à Marencour. Elle s'était préparée en conséquence à repousser l'assaut qu'elle allait avoir à subir. Elle avait profité du moment où son père se rendait au-devant de ses visiteurs pour se confiner dans sa chambre et lui laisser supporter la première attaque, certaine qu'il ne s'engagerait pas sans son aveu. Si ce n'était pas très brave, c'était toujours d'une certaine habileté, car elle lui ménageait au dernier moment une intervention décisive.

Depuis quelque temps de fréquents entretiens particuliers avaient eu lieu entre le père et la fille. Goignot était toujours pour le mariage avec maître Jarnet. Il le trouvait avantageux, mais surtout flatteur. Marie s'en montrait de plus en plus éloignée. Elle avait des objections qui ne manquaient pas de gravité : la première, celle qu'elle produisait sans cesse, était, comme nous l'avons déjà fait connaître, qu'elle ne voulait pas laisser son père seul, n'ayant personne pour le soigner et la remplacer dans la direction intérieure de la ferme. Mais son père repoussait ces objections bravement et par tendresse pour elle, voulant lui assurer un bon avenir.

« Je reconnais tout ce que vous dites là, mon père ; mais ne vaudrait-il pas mieux pour tout le monde que j'épousasse un jeune cultivateur qui vînt habiter ici tout à fait et vous seconder dans votre exploitation, que de vous laisser pour m'en aller avec mon mari habiter à l'autre bout du canton ? Aller et venir continuellement de Marencour à Glagny n'est pas praticable. Le mariage que je vous indique serait donc bien plus avantageux pour vous, pour moi et même pour les Jarnet. »

À la fin, le bonhomme à bout de raisons finit par lui dire :

« Eh bien ! trouve-moi un jeune homme digne de prétendre

à la main de Marie Goignot et décidé à s'occuper de Marencour. Quant à moi, je n'en connais pas un.

— Cherchez bien, mon père, » dit cette fois la jeune fille en
s'en allant. Et le brave homme passa dans son esprit la revue
de tous les jeunes gens de sa connaissance; et son idée ne
s'était pas encore portée sur Maurice quand les Jarnet arrivèrent en grande cérémonie.

En les voyant entrer dans la cour, maître Goignot s'était
avancé avec empressement à leur rencontre, et pendant que
Pierre aidait sa mère à descendre de voiture, il avait maintenu
le cheval. Puis il avait appelé un domestique et lui avait donné
l'ordre de le conduire à l'écurie et de lui donner une botte de
foin.

Après avoir échangé force poignées de main avec la grosse fermière et avec son fils, il leur montra le chemin de la maison.
Cet accueil était d'un bon augure, et madame Jarnet exprima sa
satisfaction par un clignement d'œil significatif à l'adresse de
Pierre.

Cependant maître Goignot n'était pas du tout à son aise. Il
ne manquait ni de volonté, ni de caractère, mais il préférait
tourner l'obstacle plutôt que de l'aborder de front. Il savait
bien qu'on venait lui demander de se prononcer définitivement,
et la réponse qu'il avait à faire n'était pas bonne.

« Vous vous rafraîchirez bien un brin, dit-il pour gagner
du temps.

— Merci, maître Goignot, répondit madame Jarnet; plus
tard nous verrons. Nous n'avons pas mis trois quarts d'heure à
venir et nous finissions de dîner quand nous sommes montés
en voiture.

— Eh bien, plus tard, soit, » repartit Goignot, et il ajouta,
comme s'il voulait différer le plus possible l'entrée en matière :

« Vous avez là un vigoureux poulain, maître Jarnet.

— Mais oui, il détale assez bien, répondit Pierre.

— Une belle journée, pas vrai, madame Jarnet?

— Oui, un peu froide seulement.

— Ça vaut mieux que de la pluie pour voyager, ça engage.

— Oh! il eût fait mauvais temps que nous serions venus out de même.

— Certainement, répondit maître Jarnet plus embarrassé de sa personne qu'il n'eût voulu le paraître.

— Après cela, bien enveloppé et avec un bon parapluie, on peut encore se garantir, dit l'infatigable père Goignot.

— Nous venons nous entendre, maître Goignot, dit brusquement madame Jarnet impatientée des lieux communs du brave homme, pour fixer les conditions et l'époque du mariage. » Elle parlait comme si le mariage eût été réellement décidé.

« Du mariage, » répéta Goignot en se démenant sur sa chaise.

Les paroles de Marie lui tintaient aux oreilles d'une manière, formidable.

— Mon fils voudrait bien qu'il eût lieu avant le carême

— Oui, maître Goignot, dit Pierre ; j'ai montré à mademoiselle Marie assez de patience, et j'espère bien qu'elle ne voudra pas me faire attendre davantage.

— Pour ça, oui, maître Jarnet ; on ne peut pas vous reprocher votre manque de patience, » répondit Goignot, qui trouva la réflexion assez maladroite.

« Marie ne voulait pas entendre parler de vous quitter, se hâta d'ajouter madame Jarnet pour réparer la maladresse de son fils, et Pierre a respecté sa volonté, dans l'espoir qu'elle changerait avec le temps.

— Mais c'est qu'elle n'a pas changé du tout, repartit Goignot qui était lancé : elle n'entend pas plus me quitter aujourd'hui qu'il y a cinq ans.

— Aussi nous ne venons pas vous l'enlever, répondit madame Jarnet en s'efforçant de rire. Marie devenue la femme de mon fils restera à Marencour tant qu'elle voudra; c'est convenu. Pierre ira et reviendra tous les jours dans sa carriole. Seulement vous lui permettrez bien de ramener de temps en temps sa femme avec lui pour me voir. Je me fais vieille, mon cher Goignot ; je suis bien votre aînée d'une dizaine d'années, et à mon âge on remue difficilement. »

La feinte bonhomie de madame Jarnet désarmait le pauvre Goignot. Il eût bien préféré un langage impérieux et quinteux. Il était de plus en plus embarrassé, et se voyait acculé sans pouvoir éluder une réponse décisive. Il n'y avait qu'un moyen pour sortir de l'impasse : c'était d'appeler Marie à décider elle-même ; mais il ne le voulait pas. Sa perplexité était donc grande entre une réponse affirmative qu'il aurait voulu faire et la volonté tout opposée de sa fille.

Tout à coup la porte d'une pièce voisine s'ouvrit et Marie Goignot entra. Elle était un peu pâle, mais l'expression de son visage sérieux et calme annonçait une résolution ferme.

Elle salua froidement les Jarnet.

« Ah ! la voilà, » s'écria madame Jarnet en se précipitant à sa rencontre et en l'embrassant bruyamment.

« Venez, Marie, venez ma fille, décider du jour où vous vous appellerez madame Jarnet. »

Chacun se rassit, et Marie, ayant été prendre à l'autre bout de la pièce une chaise que Pierre ne songeait pas à lui offrir, se plaça auprès de son père.

« Allons, ma bru, fixez vous-même le jour des noces, reprit madame Jarnet d'un ton enjoué.

— De quelles noces ? demanda Marie avec une expression glaciale.

— Mais des vôtres. Avez-vous donc oublié la demande que nous avons faite il y a longtemps et que nous avons renouvelée dernièrement ? répondit la fermière en pâlissant.

— Non, madame, je ne l'ai pas oubliée ; mais vous vous rappelez bien aussi, je pense, que je ne l'ai pas accueillie.

— Vous ne l'avez pas repoussée non plus, fit observer la fermière d'un air pincé. Vous avez dit alors que vous étiez trop jeune ; mais cinq années se sont passées depuis, et, comme je le disais à maître Goignot il y a un instant, nous arrangerons les choses de manière que vous ne le quittiez pas.

— Vous resterez à Marencour tant qu'il vous plaira, mademoiselle Marie, ajouta Jarnet. Je ferai la navette entre Glagny et Marencour.

— Je vous remercie beaucoup de l'honneur que vous me faites, répondit la jeune fille; mais vous conviendrez que ce serait là une vie trop en l'air, et qui ne pourrait durer longtemps. Il faudrait toujours en venir à une séparation, et je ne veux pas quitter Marencour.

— Mais non, non, mademoiselle Marie; vous resterez à Marencour jusqu'à la fin du bail, et ensuite vous viendrez avec votre père habiter avec votre mari et sa mère, dit Pierre d'un air persuasif.

— Mon père est habitué à Marencour, et il lui en coûterait trop de le quitter, même à fin de bail.

— Dites plutôt que vous ne voulez pas de mon fils, » s'écria madame Jarnet qui était rouge comme un coquelicot et qui avait peine à se contenir depuis quelques instants.

Goignot jeta un regard à sa fille pour l'engager à ne pas persister dans son refus. Mais Marie était bien décidée.

« Je vous remercie encore une fois, madame, ainsi que M. Pierre, mais rien ne me fera revenir sur ce que j'ai dit, » répondit-elle froidement d'une voix claire et ferme.

C'en était trop pour l'orgueilleuse fermière. Elle se leva courroucée et le regard enflammé :

« Pierre, allons-nous-en, dit-elle; nous sommes restés trop longtemps ici; » et elle passa fièrement devant maître Goignot interdit et devant Marie impassible.

Maître Jarnet se fit un peu attendre et finit par suivre sa mère.

« Vous ne vous en irez pas sans prendre quelque chose, s'écria Goignot assez maladroitement.

— Merci! » répondit madame Jarnet sans se retourner.

Marie ne les accompagna pas.

IX

Comprenant bien qu'il lui faudrait se marier un jour ou l'autre, Marie avait regardé autour d'elle et avait choisi, sauf l'approbation de son père, bien entendu, Maurice Mazé, vu qu'il était un garçon de bonne conduite, de bon renom et bien entendu à la culture. Tout ce qui s'était passé à Concheville lui avait fait voir la sagesse de son choix.

En effet Maurice, revenu à Concheville, avait entrepris les travaux d'amélioration et de transformation de la ferme dont tout le pays s'émerveillait. Son père et le jeune homme n'avaient jamais cessé de se parler, et aujourd'hui ils étaient unis par une affectueuse estime et aussi un peu par l'intérêt. Mazé et sa femme, sans être devenus des amis intimes de son père, vivaient en bons termes avec le « vieux Crésus », à qui le fermier de Concheville ne donnait même plus ce ridicule sobriquet, et la jeune fille venait, en congédiant maître Jarnet, de faire son petit coup d'État.

Après le départ de Jarnet, maître Goignot était venu retrouver sa fille. Il était abattu et chagrin d'une rupture si complète.

« Eh bien ! tu viens de faire un beau coup, lui dit-il d'un ton de mauvaise humeur.

— En congédiant les Jarnet ? répondit Marie en souriant

— Certainement. Qui veux-tu épouser maintenant ? car je

ne pense pas que tu aies l'intention de rester fille toute ta vie,
ni même de coiffer sainte Catherine.

— Je ne crois pas, répliqua Marie.

— Où trouveras-tu un parti qui vaille maître Jarnet?

— Mon père, je vous ai dit des gens de Glagny ce que j'avais
à vous en dire : mon refus est bien formel, ainsi n'en parlons
plus.

— Mais enfin, ma fille, je vieillis, moi, et ce serait un grand
chagrin pour moi de mourir avant de te voir bien établie.

— Oh! ne parlez pas de mourir, papa : rien que ce mot-là
me fait du chagrin. Vous n'êtes pas vieux, et vous vous portez
trop bien pour ne pas avoir encore bien des années devant vous.

— Il faut te marier.

— Je veux bien...

— Trouve-toi un mari, car, depuis que tu as congédié
maître Jarnet, je ne vois plus personne qui puisse t'épouser.
En connais-tu un, toi?

— Peut-être, mon père.

— Ah! ah!...

— Je ne veux point rester fille, mon père, je vous l'ai dit;
mais je ne veux épouser qu'un jeune homme qui puisse demeurer à Marencour.

— Ça ne se trouve pas comme cela dans le pas d'un cheval.
D'ordinaire ce sont les femmes qui suivent les maris.

— Pas toujours, surtout quand il s'agit d'une fille unique
dont le père ne demande pas mieux que de céder le maniement
des affaires à son gendre.

— C'est vrai; encore faut-il que l'épouseur convienne et
que cela lui convienne à lui, et je n'en vois aucun qui...

— Cherchez bien, mon père, reprit Marie en souriant, et
vous n'aurez pas à aller bien loin pour le trouver. »

Abandonné à ses réflexions, le bonhomme rumina longtemps,
puis tout à coup il frappa dans ses mains et se dit : « Maurice
Mazé! Et moi qui n'y songeais pas! Maurice Mazé me convien-

drait parfaitement ; s'il me la demande et qu'elle soit consentante, foi d'honnête homme, je la lui donne ! »

Alors il alla trouver sa fille et lui dit :

« Voyons si j'ai deviné juste. Celui qui nous conviendrait habite-t-il tout près d'ici ?

— Oui, mon père.

— Son nom de baptême commence-t-il par une M ?

— Oui, mon père.

— L'affaire lui conviendrait-elle ?

— Je crois que oui, mon père.

— Eh bien, tu as raison, Marie. Je ne comprends pas que je n'aie pas eu cette idée-là depuis que je le vois à l'œuvre à Concheville. C'est ce grand Jarnet qui m'avait fait tourner la tête. J'étais tellement habitué à le considérer comme mon futur gendre, que jamais la pensée que je pusse en avoir un autre ne m'est venue. Seulement, ma fille, comme toi je trouvais qu'il mettait bien peu d'empressement à conclure. »

Il faut croire que Maurice eut connaissance de cette conversation entre le père et la fille, car le soir après le repas il suivit ses parents dans la chambre où ils couchaient depuis la restauration de la maison. Mazé crut que son fils venait encore lui faire quelque proposition *extravagante* d'achat de bestiaux ou d'instruments *baroques* d'agriculture, et sa figure se rembrunit. Onésime eut la même pensée.

« Mon père et ma mère, commença Maurice, je désire me marier.

— Te marier ! s'écria son père.

— Bon, il ne manquerait plus que cela ! marmotta Onésime.

— Oh ! soyez rassurés, mes parents ; mon mariage n'apportera pas grand changement dans notre existence.

— Ce sera toujours une femme de plus et des enfants plus tard, fit observer sa mère d'un air maussade.

— Détrompez-vous : il n'y aura personne de plus à Concheville, répondit Maurice.

— Comment! tu veux nous quitter, s'écria Mazé véritablement effrayé de la perspective que lui laissait entrevoir le départ de son fils. Le vieux paysan avait bien pu grogner souvent, maugréer, faire de l'opposition pour finir par céder toujours, il ne pouvait se refuser à l'évidence des faits : l'aspect des récoltes était magnifique; bien qu'on fût au fort de l'hiver, le bétail était en bon état, le bien-être et l'aisance commençaient à régner de toutes parts.

— Je vous répète que je ne vous quitterai pas.

— Mais qu'est-ce qu'un mariage comme ça? Ta femme ne viendrait pas habiter ici et toi tu n'iras pas demeurer avec elle? lui fit observer son père.

— Du moins je n'irai pas bien loin, et je continuerai comme aujourd'hui de vous aider dans l'exploitation de la ferme, répondit Maurice.

— Alors tu prendras ton ménage au bourg? lui demanda sa mère.

— Non, mes parents : à Marencour.

— Tu voudrais épouser la Renotte! s'écria Onésime en se campant les poings sur les hanches.

— La Renotte est une vaillante domestique, mais je ne pense pas à elle, dit Maurice.

— Alors je ne vois plus que Marie Goignot, mon garçon, et si c'est d'elle que tu prétends faire ta femme, tu peux bien en faire ton deuil, dit Mazé en ôtant tranquillement sa veste pour se coucher.

— Oui, c'est Marie que je veux vous donner pour bru, mon père, et je compte bien que vous et ma mère vous viendrez demain avec moi la demander à son père.

— Ah ça! rêves-tu? Toi, épouser la fille du père Crésus, la plus riche de toute la commune! Bien sûr tu perds la tête.

— Je la perds si peu que je suis à peu près certain de réussir. Vous m'accompagnerez, n'est-ce pas?

— Pour recevoir un affront du père Crésus! Ah! mais non, non...

— D'abord, mon père, il n'y a pas, il n'y a plus de père Crésus, répondit Maurice; il n'y a que maître Goignot, un brave cultivateur comme vous, qui bientôt sera votre allié et mon beau-père, je l'espère bien.

— Je n'irai pas, je n'irai pas, répéta le bonhomme avec entêtement.

— Vous me laisseriez y aller seul? dit tristement Maurice.

— Mais que veux-tu que je lui dise, à cet homme?

— Maître Mazé, dit Onésime, si la chose pouvait se faire pourtant et que Goignot voulût donner la Chesnaie à sa fille...? Faut y aller voir, mon homme.

— Mais quand je te dis que Maurice se flatte et m'envoie au-devant d'un refus, répondit son mari.

— Est-ce que je vous emmènerais là-bas si je n'avais pas de bonnes raisons pour être convaincu du contraire?

— Eh bien, j'irai; mais, si tu obtiens la fille à Goignot, tu pourras te vanter d'avoir de la chance. »

Le lendemain après le dîner Maurice et son père endimanchés se rendirent à Marencour. Maître Goignot semblait les attendre. Marie se tenait dans une pièce voisine. Mazé fit la demande, qui fut agréée incontinent, sauf le consentement de la jeune fille; mais cela était dit pour la forme, car Goignot savait à quoi s'en tenir à cet égard. Il alla chercher Marie, qui ne refusa pas, et séance tenante le mariage fut fixé à un mois de là, la semaine qui précédait les jours gras. On trinqua cordialement au bonheur des futurs époux.

« Allons apprendre cette bonne nouvelle à ta mère, » dit Mazé.

Dans le trajet de Marencour à Concheville il dit à son fils :

« Tu es donc sorcier, toi, pour faire comme cela tout ce que tu veux?

— Oh! non, je m'efforce seulement de faire ce qui me

semble juste et raisonnable et d'être bien avec tout le monde, »
répondit Maurice.

Maître Pierre Jarnet n'éprouva pas de violent désespoir pour
avoir été refusé par Marie ; il se consola même assez vite, car
le jour où Marie épousait Maurice Mazé, Pierre Jarnet donnait
son nom à une belle et brave fille qui depuis longtemps était
comme la main droite de madame Jarnet et conduisait avec
beaucoup d'intelligence les affaires de la ferme de Glagny.

CONCLUSION

Une circonstance nous ramena, l'année dernière, dans le pays où se sont passées les choses que nous venons de raconter. Nous voulûmes revoir chez eux les principaux personnages de cette histoire. Nous commençâmes par Concheville.

Quel contraste avec ce que nous avons décrit dans le premier chapitre !

La maison d'habitation, propre et coquette, se dégageait au haut d'une vaste cour, isolée des bâtiments d'exploitation. En face se dressait un grand hangar couvert en tuiles récemment construit. Il servait d'abri aux instruments aratoires : batteur mécanique, semoir, faucheuse, coupe-racines, charrues de plusieurs sortes : à ouvrir les sillons, à butter, herses, râteaux, sarcleurs, etc., etc. ; tous bien entretenus, propres et alignés par espèces et par dimensions.

L'écurie et les étables, agrandies, étaient aérées dans des conditions de ventilation qui permettaient le renouvellement de l'air sans courants nuisibles aux animaux.

Des tas de fumier déjà en état d'être employés s'alignaient à petite distance de la fosse à purin, vaste récipient où les détritus de toute sorte, précédemment délaissés, se transformaient en engrais, et cela sans inconvénients pour la salubrité, vu l'éloignement.

Les terres présentaient le même aspect d'amélioration et de perfectionnement. Plus de jachères, plus de champs en repos.

Les arbres superflus avaient disparu. Les haies inutiles avaient été défrichées et livrées à la culture, ou seulement redressées au cordeau et rétrécies. Il en était de même des fossés et des talus. Tout terrain qui pouvait produire un bénéfice quelconque avait été ensemencé. Des sentiers d'une largeur suffisante, entretenus comme des allées de jardin, permettaient de pénétrer au milieu des champs sans que l'on fût forcé de traverser les récoltes.

Concheville possédait un troupeau de dix-huit vaches et de six génisses et un autre de deux cent cinquante moutons métis de Dishley et de la race du pays. Ils avaient un air de santé et de vigueur que n'ont que bien rarement chez nous ces animaux, dont l'aspect est souvent scrofuleux, par suite du manque de soins et surtout d'air et de propreté dans leurs logements.

Les cultures, appropriées à la nature du sol, intelligemment variées dans leur rotation périodique, avaient une apparence magnifique. Dans les terres à blé il poussait trois épis contre un que la terre produisait autrefois.

Mazé, toujours un peu nonchalant, continuait sa petite opposition à Maurice; mais en définitive il le laissait faire à sa guise. Onésime était fraîche et avait engraissé. Elle portait le dimanche des vêtements en drap léger bordés de bandes de velours, comme les riches fermières du pays. Jamais elle ne s'était vue aussi bien mise.

A Marencour, où demeurait Maurice, le contraste n'était pas aussi frappant. On se rappelle que la ferme de maître Goignot était déjà une des mieux cultivées et des mieux entretenues du pays. Cependant l'action énergique et l'initiative intelligente de son gendre s'y faisaient aussi sentir. On ne remarquait pas de notable différence dans la culture des deux fermes, qui semblaient n'en faire qu'une avec doubles bâtiments d'exploitation. Toutefois les troupeaux d'espèce bovine et ovine étaient plus nombreux qu'autrefois. On remarquait en outre les mêmes améliorations qu'à Concheville dans l'aménagement de l'écurie des étables, de la bergerie, même économie dans la production des engrais.

Les deux fermes étaient exploitées en commun, spécialement sous la direction de Maurice pour Concheville et de Goignot pour Marencour. Les instruments aratoires perfectionnés servaient indifféremment aux deux exploitations.

Marie Goignot, resplendissante de beauté et de santé, avait donné un gros garçon à son mari. Elle continuait de diriger l'intérieur de Marencour et aussi de Concheville, où elle allait chaque jour sans que sa belle-mère en prît ombrage. Elle était d'ailleurs bien secondée par la Javotte, à laquelle elle avait su communiquer son activité intelligente. Elle apportait toujours le même soin à la tenue de ses livres de ferme, et son mari, d'après ses indications précises, tenait ceux de Concheville avec le même ordre et la même régularité.

Tout le personnel de Concheville et de Marencour, maîtres et domestiques, était heureux et content, et comme le bonheur et le contentement sont les premières conditions d'une bonne santé, tout le monde s'y portait bien.

A Glagny on remarquait aussi une amélioration notable. Maître Jarnet était sincèrement et profondément attaché à sa femme ; c'était elle, disait-on, qui menait son seigneur et maître, mais c'était avec tant d'adresse qu'il ne s'en doutait pas ; il avait renoncé depuis longtemps à courir les foires et les marchés, où il allait jadis bien plus pour y chercher des occasions de s'amuser que pour y faire des affaires. Il n'allait plus que là où il avait réellement affaire. Sa bourse s'était bien vite ressentie de ce changement d'habitudes.

Son caractère avait subi d'heureux changements. Il était moins fat, moins orgueilleux, plus affable ; sous l'influence de sa femme il était revenu de sa prétention d'être le premier cultivateur du canton et faisait son profit de tous les progrès, de toutes les améliorations qui venaient à sa connaissance.

Il avait renoué avec maître Goignot dans une circonstance

où il avait pu lui rendre un de ces services comme on a souvent l'occasion de s'en rendre entre cultivateurs. Et comme les deux mariages avaient effacé les blessures d'amour-propre et les causes de rivalité des deux côtés, on se voyait de temps en temps à Concheville, à Marencour et à Glagny.

Madame Jarnet la jeune, comme Marie, était mère d'un gros garçon, la joie de madame Jarnet la mère, qui éprouvait une grande estime et une vive affection pour la femme de son fils.

Marie et Julienne étaient réellement trop intelligentes et trop estimables pour ne pas s'apprécier mutuellement. Elles se fréquentaient et avaient l'une pour l'autre une sincère amitié.

Et comme le bon exemple est aussi contagieux que le mauvais, les autres cultivateurs, malgré l'esprit hostile et routinier des campagnes, allaient prendre des leçons sur les trois fermes et à la longue en faisaient leur profit, et tout le pays aussi.

FIN

TABLE DES MATIÈRES

FIN DE LA TABLE DES MATIÈRES.

BOURLOTON. — Imprimeries réunies, **B.**